中等职业教育加工制造类系列教材

铣削加工技术训练

（第2版）

主　编　张长红　王志慧
副主编　卢海涛　李燕飞　马　剑
　　　　吴　淼　文　林
主　审　陈海滨　贺红妮

北京理工大学出版社
BEIJING INSTITUTE OF TECHNOLOGY PRESS

内 容 简 介

本书根据中等职业学校教学实际,由江苏省联合职业技术学院机电协作会组织编写,主要内容包括:认识普通铣床及其基本操作、平面的铣削、沟槽的铣削、特形槽的铣削、组合件的铣削等。本书主要培养学生熟练操作普通铣床,正确使用工量具及夹具,合理选择铣削加工工艺,能独立完成零件的铣削加工,达到铣削中级工水平。

本书为中等职业技术学校机械加工专业教材,可以作为成人高校、本科院校实践教学教材,也可以作为自学用书。

版权专有　侵权必究

图书在版编目(CIP)数据

铣削加工技术训练/张长红,王志慧主编.—2版.—北京:北京理工大学出版社,2023.1重印

ISBN 978-7-5682-7701-3

Ⅰ.①铣… Ⅱ.①张… ②王… Ⅲ.①铣削-高等职业教育-教材 Ⅳ.①TG54

中国版本图书馆CIP数据核字(2019)第244145号

出版发行 / 北京理工大学出版社有限责任公司	
社　　址 / 北京市海淀区中关村南大街5号	
邮　　编 / 100081	
电　　话 / (010)68914775(总编室)	
(010)82562903(教材售后服务热线)	
(010)68944723(其他图书服务热线)	
网　　址 / http://www.bitpress.com.cn	
经　　销 / 全国各地新华书店	
印　　刷 / 定州市新华印刷有限公司	
开　　本 / 787毫米×1092毫米　1/16	
印　　张 / 13.5	责任编辑 / 张鑫星
字　　数 / 328千字	文案编辑 / 张鑫星
版　　次 / 2023年1月第2版第2次印刷	责任校对 / 周瑞红
定　　价 / 38.00元	责任印制 / 边心超

图书出现印装质量问题,请拨打售后服务热线,本社负责调换

前言

FOREWORD

　　本书为职业教育精品规划教材，是根据教育部《中等职业技术学校机械加工技术专业教学标准（试行）》编写的。参照《铣工国家职业标准》，根据中职学校学生的学情特点，以工作过程为导向，由浅入深，层层递进。根据铣削加工职业岗位应具备的能力对教学内容进行整合，突出实用，强化学生职业能力和职业素养的培养。教材内容以立德树人为根本任务，将企业典型案例融入教材中，深化产教融合、校企合作。

　　本书编写具有以下特点：

　　1. 本书编写遵循技术技能人才的成长规律，将知识传授与技术技能培养相结合。教材内容的选取，主要来自于企业的生产实践，与企业生产相结合。教材内容以项目为主线，工作任务为驱动，从简到难，将理论和实践有机结合起来，非常适合机械加工专业学生和企业生产一线的工人使用。

　　2. 改变了传统教材仅注重课程内容组织而忽略对学生综合素质与能力培养的弊病，在传授知识与技能的同时注意融入对学生职业道德和职业意识的培养。让学生在完成学习任务的过程中，学习工作过程知识，掌握各种工作要素及其相互之间的关系，从而达到培养关键职业能力和提高综合素质的目的，使学生学会学习、学会工作、学会做事。

　　3. 任务引领，内容实用，项目教学，效果显著。把教学内容融入具体的工作任务，通过任务完成来培养学生的工艺分析及制定能力、实操能力、检测能力等。根据工作过程组织教学，教学内容岗位化、模块化、项目化。

　　4. 应用多元智能理论，坚持因材施教的原则。推行"做中学、学中做"的教学模式，做、讲、练、检、评为一体。突出以学生为中心，注重培养学生的自学能力，为学生的可持续发展打下坚实的基础。

　　5. 突破传统教材的概念，构建活页纸质教材、数字化教学资源和网络多媒体教学资源等多元化教学体系。既要将传统教学手段发挥其特有的作用，又要促进现代化教学手段的运用，有利于激发学生的学习兴趣，强化课堂教学效果。

FOREWORD

　　本书主要分为五个项目，十七个任务。从铣床的基本操作、铣削常用刀具的认识与安装、铣削常用夹具到平行垫铁的铣削、压板铣削、台阶面的铣削、直角沟槽的铣削、轴上键槽的铣削、半圆键槽的铣削、十字槽的铣削再到V形槽的铣削、T形槽的铣削、燕尾槽的铣削等。从简到难，层层递进，符合职业学校学生的认知规律。学完本书后，学生基本能达到铣工中级工标准要求。

　　本书再版编写，邀请了连云港黄海机械股份有限公司生产技术部高级工程师文林的参与，他曾是企业技术骨干，与编者所在单位一直开展校企合作，2010年被连云港市人民政府评为校企合作优秀专家，退休后被企业返聘，一直从事技术部的研发工作。他的加入将企业生产案例引入教材，使教材编写更贴近企业生产实际情况，符合学生实际工作岗位能力的培养。

　　本书由江苏省连云港工贸高等职业技术学校张长红、王志慧两位老师担任主编；海门中等专业学校陈海滨教授担任第一主审，湖南工贸技师学院贺红妮老师担任第二主审；连云港工贸高等职业技术学校卢海涛和李燕飞（两位老师曾来自于企业）、江苏省如东开放大学马剑老师、无锡交通高等职业技术学校吴淼老师担任副主编，所有编者均具备讲师以上职业技术资格。

　　本书在编写过程中得到了企业和学校许多同志的支持与帮助，参照了其他同类教材，在此一并表示衷心的感谢！由于编者水平和经验有限，书中可能有疏漏或不妥之处，恳请读者和各位专家批评指正。

编　者

目 录

项目一　认识普通铣床及其基本操作

- 任务 1　认识普通铣床 …………………………………………………………… 1
- 任务 2　铣床的基本操作 ………………………………………………………… 10
- 任务 3　铣削常用刀具的认识与安装 …………………………………………… 17
- 任务 4　铣削常用夹具及使用 …………………………………………………… 27

项目二　平面的铣削

- 任务 1　平行垫铁的铣削 ………………………………………………………… 36
- 任务 2　压板的铣削 ……………………………………………………………… 49
- 任务 3　台阶键的铣削 …………………………………………………………… 59

项目三　沟槽的铣削

- 任务 1　直角沟槽的铣削 ………………………………………………………… 68
- 任务 2　轴上键槽的铣削 ………………………………………………………… 83
- 任务 3　半圆键槽的铣削 ………………………………………………………… 100
- 任务 4　十字槽的铣削 …………………………………………………………… 110
- 任务 5　花键槽的铣削 …………………………………………………………… 125

项目四　特形槽的铣削

- 任务 1　铣削 V 形块 ……………………………………………………………… 150

任务2　T形槽的铣削 ………………………………………………………… 169
任务3　燕尾槽的铣削 ………………………………………………………… 176

项目五　组合件的铣削

任务1　对接组合件的铣削 …………………………………………………… 182
任务2　燕尾组件的铣削 ……………………………………………………… 195

参考文献

项目一

认识普通铣床及其基本操作

任务1　认识普通铣床

铣床是一种应用非常广泛的机床，其主运动是铣刀的旋转运动，进给运动一般是工作台带动工件的运动。本任务主要通过对不同铣床的观察，了解铣床的基本结构，掌握铣床的分类和铣床型号的含义，熟悉典型铣床各组成部分的功用。在图 1-1-1 所示普通铣床中标示出主要部件、操作手柄的名称，通过查阅资料写出相应设备的技术参数。

▲图 1-1-1　普通铣床

任务目标

1. 正确识读铣床的型号。
2. 能识别不同类型的铣床。
3. 能说出铣床各组成部件的名称。

任务资讯

铣床是机械制造业的重要设备。铣床生产效率高、加工范围广，是一种应用广泛、类型多的金属切削机床，铣削时用铣刀进行铣削。

一、铣床的种类与功用

铣床的种类很多，常用的有卧式铣床、立式铣床，主要用于单件、小批量生产中加工尺寸不大的工件，此外还有龙门铣床、摇臂铣床和各种专门化铣床。现在又出现了数控铣床，它具有适应性强、精度高、生产效率高、劳动强度低等优点。

1. 卧式铣床

卧式铣床的主轴轴线与工作台面平行，它的纵向进给方向与主轴轴向垂直，可保证很高的几何精度，如图 1-1-2 所示。纵向工作台在 ±45°的范围内可以转到所需的位置，故加工范围比较广泛。卧式铣床一般都带立铣头，虽然立铣头功能和刚性不如立式铣床强大，但足以应付立铣加工，这使得卧式铣床总体功能比立式铣床强大。立式铣床没有此特点，不能加工适合卧铣的工件。卧式铣床可使用各种刀具，但不如立式铣床方便，主要是使用挂架增强刀具（主要是三面刃铣刀、片状铣刀等）强度。卧式铣床多用于齿轮、花键、开槽、切断等加工。

2. 立式铣床

立式铣床的主轴轴线与工作台面垂直，如图 1-1-3 所示。立铣头与床身由两部分组合而成，结合处呈转盘状并有刻度。立铣头可按工作需要向左右扳转一个角度，使主轴与工作台倾斜一个需要的角度，加工范围较广泛。由于立式铣床操作时观察、检查和调整铣刀位置等都比较方便，生产效率较高，故在生产车间应用较为广泛。立式铣床除多用于平面加工外，还可以用于平面有高低曲直几何形状的工件，如模具类。

▲图 1-1-2　卧式铣床

▲图 1-1-3　立式铣床

立式铣床与卧式铣床相比，主要区别是主轴垂直布置，除了主轴布置不同以外，工作台可以上下升降，立式铣床用的铣刀相对灵活一些，适用范围较广。

3. 龙门铣床

龙门铣床是具有门式框架和卧式床身的铣床，如图 1-1-4 所示。龙门铣床加工精度和生产效率均较高，适合在成批、大批量生产中加工大型工件的平面和斜面。龙门铣床由立柱和横梁构成门式框架，横梁可沿两立柱导轨做升降运动。横梁上有 1～2 个带竖直主轴的铣头，可沿横梁导轨做横向运动。两个立柱上还可分别安装一个带有水平主轴的铣头，它可沿立柱导轨做升降运动。这些铣头可同时加工几个表面，每个铣头都具有单独的电动机、变速机构、操纵机构和主轴部件等。加工时，工件安装在工作台上并随着工作台做纵向进给运动。

▲图 1-1-4　龙门铣床

4. 摇臂铣床

摇臂铣床的工作台可纵向、横向移动，主轴竖直布置，通常为台式，机头可升降，具有钻削、铣削、镗削、磨削、攻螺纹等多种切削功能，如图 1-1-5 所示。主轴箱可在竖直平面内左右回转 90°，部分机型的工作台可在水平面内左右回转 45°，多数机型的工作台可纵向自动进给。

▲图 1-1-5　摇臂铣床

二、铣床外形及各部分的作用

1. 卧式铣床的外形

卧式铣床的外形如图 1-1-6 所示。

2. 立式铣床的外形

立式铣床的外形如图 1-1-7 所示。

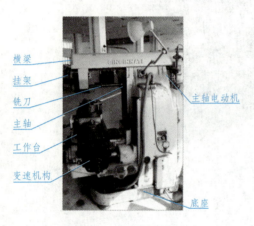

▲图 1-1-6　卧式铣床的外形

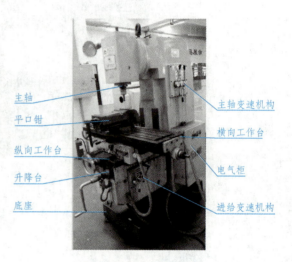

▲图 1-1-7　立式铣床的外形

3. 铣床各部分的作用

1) 横梁

横梁上附带一挂架,横梁可沿床身顶部导轨移动。它们的主要作用是支撑安装铣刀的长刀轴外端,横梁可以调整伸出长度,以适应安装各种不同长度的铣刀刀轴。横梁背部成拱形,有足够的刚度;挂架上有与主轴同轴线的支撑孔,保证支撑端与主轴同心,避免刀轴安装后引起扭曲。

2) 床身

床身主要用来固定和支撑铣床各部件,床身内部装有主轴、主轴变速箱、电动机、润滑油泵,是机床的主体,机床大部分部件都安装在床身上。床身是箱体结构,一般选用优质灰铸铁铸成,结构坚固、刚性好、强度高,同时由于机床精度的要求,床身的制造还必须经过精密的金属切削加工和时效处理。床身与底座相连接,床身顶部有水平燕尾槽导轨,供横梁来回移动;床身正面有垂直导轨,供升降工作台上下移动;床身背面安装主电动机。床身内腔的上部安装铣床主轴,中部安装主轴变速部分,下部安装电气部分。

3) 主轴

主轴主要用来安装铣刀杆并带动铣刀旋转。主轴前端是带锥孔的空心轴,从铣床外部能看到主轴锥孔和前端。锥孔锥度是一般选用7∶24,可安装铣刀杆;主轴前端面有两键,起传递扭矩作用。铣削时,要求主轴旋转平稳,无跳动,在主轴外圆两端均有轴承支撑,中部一般还装有飞轮,以使铣削平稳。主轴选用优质结构钢,经过热处理和精密切削加工制造而成。

4) 主轴变速机构

主轴变速机构的作用是将主电动机的固定转速通过齿轮变速,变换成18种不同转速,传递给主轴,适应铣削的需要。从机床外部能看到转速盘和变速手柄。

5) 纵向工作台

纵向工作台是安装工件和带动工件做纵向移动的。纵向工作台台面上有三条T形槽,可用T形螺钉来安装、固定夹具;工作台前侧有一条长槽,用来安装、固定极限自动挡铁和自动循环挡铁;台面四周有沟通槽,给铣削时加的冷却润滑液提供回液通路;纵向工作台下部是燕尾导轨,两端有挂架,用以固定纵向丝杠,一端装有手轮,转动手轮,可使纵向工作台移动。纵向工作台台面及导轨面、T形槽直槽的精度要求都很高。

6) 横向工作台

横向工作台是在纵向工作台和升降台之间,用来带动纵向工作台做横向移动。横向工作台上部是纵向燕尾导轨槽,供纵向工作台平移;中部是回转盘,可供纵向工作台在前后45°角度范围内扳转所需要的角度;下部是平导轨槽。从外表看,前侧安装有电气操纵开关、纵向进给机动手柄及固定螺钉,两侧安装横向工作台固定手柄,根据铣削的要求,可以紧固纵向或横向工作台,避免铣削中由切削力引起的剧烈振动。

7) 升降台

升降台安装在床身前侧垂直导轨上,中部有丝杠与底座螺母相连接,其主要作用是带动工作台沿床身前侧垂直导轨做上下移动。工作台及进给部分传动装置都安装在升降台上。升降台前面装有进给电动机、横向工作台手轮及升降台手柄;侧面装有进给机构变速箱和横向升降台的机动手柄。升降台的精度要求很高,否则在铣削过程中会产生很大振动,影响工作台的加工精度。

8) 底座

底座是整部机床的支撑部件,具有足够的刚性和强度。底座四角有机床安装孔,可用螺钉将机床安装在固定位置。底座本身是箱体结构,箱体内盛装冷却润滑液,供切削时冷却润滑。

9) 进给变速机构

进给变速机构是将进给电动机的固定转速通过齿轮变速,变换成18种不同转速传递给进给机构,实现工作台的各种移动速度,以适应铣削的需要。进给变速机构位于升降台侧面,备有蘑菇形手柄和进给量数码盘,改变进给量时,只需操纵蘑菇手柄,转动数码盘,即可达到所需要的自动进给量。

三、铣床型号

机床的种类很多,每一类中又有多种不同的规格。为了便于选用和管理,对每一类机床都规定了一个统一的代号,而对每一类中不同规格的机床又进行了统一的编码。代号和编号合在一起就组成了机床的型号。铣床的型号不仅是一个代号,它还能反映铣床的类别、结构特征、性能和主要技术规程。

图 1-1-8 所示为铣床铭牌。

▲图 1-1-8 铣床铭牌

1. 铣床型号编制方法

铣床的型号通常是在代号后加若干数字排列而成。代号代表着机床的类别,铣床则统一用"X"来表示;字母后边紧跟的两个数字分别表示机床的组别和系列,用以表示机床的具体特性;最后两位数字则表示机床的基本参数(主参数)的 1/10 或 1/100。例如:

2. 编制说明

(1)当机床的特性或结构有重大改进时,按其设计改进的顺序分别用英语大写字母"A""B""C"等表示,位于机床型号的末尾。例如 X5030B,表示在 X5030 的基础上,做了第二次改进。

(2)当机床具有通用特性时,应在型号中的类代号后,用字母予以表示。例如型号为 XB4326 的机床,是半自动平面仿形铣床。当机床有某些通用特性时,在型号最后用字母 B、Z、W 等标出,说明其有半自动、自动、万能等特性。当机床型号相同但结构不同时,型号后加字母 K、D、P、T 等标出,以示其结构上的不同。机床通用特性代码见表 1-1-1。

▼表 1-1-1 机床通用特性代码

通用特性	高精度	精密	自动	半自动	数控	加工中心(自动换刀)	仿形	轻型	加重型	简式或经济型	柔性加工单元	数显	高速
代码	G	M	Z	B	K	H	F	Q	C	J	R	X	S
读音	高	密	自	半	控	换	仿	轻	重	简	柔	显	速

(3)日常生产中用到的铣床型号,如 X62W、X53T 等,是按照旧的编制方法编制的,至今沿用,其结构特征与功能和 X6132、X5032 基本相同。下面简单说明一下旧的编制方法。

在机床型号中,第一个字是汉语拼音字母,代表机床的类别;第二个字为数字,代表机床的组别;第三个(或第四个)字为数字,代表机床的主要规格。

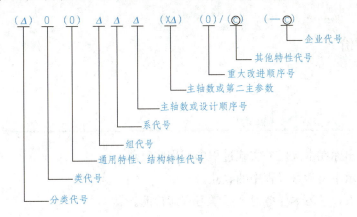

说明:
(1)"()"为的代号或数字,当无内容时则不表示;若有内容则不带括号。
(2)"〇"符号为大写的汉语拼音字母。
(3)"△"符号为阿拉伯数字。
(4)"◎"符号为大写的汉语拼音字母或阿拉伯数字,或两者兼有。

四、铣削加工特点

铣床可以加工平面(水平面、垂直面等)、沟槽(键槽、燕尾槽、T 形槽等)、多齿零件上的齿(链轮、棘轮、齿轮、花键轴等)、螺旋形表面(螺纹和螺旋槽)及各种曲面。铣床在结构上要求有较高的刚度和抗振性,因为一方面铣削是多刃连续切削,生产效率较高;另一方面,每个刀刃的切削过程又是断续的,切削力周期性变化,容易引起机床振动。

（1）采用多刃刀具进行加工，刀齿轮换切削，刀具冷却效果好，耐用度高。

（2）铣削加工生产效率高，加工范围广，在普通铣床上使用各种不同的铣刀也可以完成平面（平行面、垂直面、斜面），台阶，沟槽（直角沟槽、V形槽、T形槽、燕尾槽等特形槽）以及特形面等的加工。加上分度头等铣床附件的配合运用，还可以完成花键轴、螺旋槽、齿式离合器等工件的铣削。

（3）铣削加工具有较高的加工精度，其经济加工精度一般为 IT9～IT7 级，表面粗糙度 Ra 值一般为 12.5～1.6 μm。精细铣削精度可达 IT5 级，表面表面粗糙度 Ra 值可以达到 0.2 μm。

任务实施

1. 组织学生参观铣削加工车间，让学生近距离接触铣床。
2. 让学生用手机拍下铣床照片，进行分类。
3. 让学生拍下铣床铭牌，说明每个铭牌表示的含义。

任务评价

一、个人、小组评价

1. 请总结出你在本次任务实施过程中有哪些收获。
2. 分组展示小组学习过程中的收获。
3. 思考一下，学习本任务对今后学习有何帮助。

二、教师评价

教师对各小组任务完成情况分别做评价。
1. 找出各组的优点进行点评。
2. 对任务完成过程中各组的缺点进行点评，提出改进方法。
3. 对整个任务完成中出现的亮点和不足进行点评。

三、任务实施

任务实施后，完成任务评价表（表 1-1-2）。

▼ 表 1-1-2　任务评价表

组别				小组负责人		
成员姓名				班级		
课题名称				实施时间		
评价类别	评价内容	评价标准	配分	个人自评	小组评价	教师评价
学习准备	课前准备	资料收集、整理、自主学习	5			
学习过程	信息收集	能收集有效的信息	5			
	参观车间	认真聆听老师讲解、拍取图片	20			
		读懂铣床铭牌	25			
	问题探究	能在车间参观中发现问题，并用理论知识解释问题	10			
	文明生产	服从管理，遵守校规、校纪和安全操作规程	5			
学习拓展	知识迁移	能实现前后知识的迁移	5			
	应变能力	能举一反三，提出改进建议或方案	5			
	创新程度	有创新建议提出	5			
学习态度	主动程度	主动性强	5			
	合作意识	能与同伴团结协作	5			
	严谨细致	认真仔细，不出差错	5			
总　计			100			
教师总评（成绩、不足及注意事项）						
综合评定等级(个人 30%，小组 30%，教师 40%)						

任课教师：＿＿＿＿＿＿＿＿　　　年　　月　　日

练习与提高

一、填空题

1. 铣床的种类很多，常用的有＿＿＿＿＿＿、＿＿＿＿＿＿。

2. 卧式铣床的＿＿＿＿＿与＿＿＿＿＿平行，它的纵向＿＿＿＿＿与＿＿＿＿＿垂直，可保证很高的几何精度。

3. 卧式铣床多用于＿＿＿＿＿、＿＿＿＿＿、＿＿＿＿＿、＿＿＿＿＿切断等加工。

4. 立式铣床的_____与_____垂直。

5. 龙门铣床是具有_____和_____的铣床。

二、解读机床型号

X6132

X5030A

任务 2 铣床的基本操作

铣床操作是铣削加工中必须掌握的操作技能，本任务主要以 X5030B 立式升降台铣床为例介绍铣床的基本操作。

任务目标

1. 了解铣床的操作规程，按操作规程正确操作机床。
2. 能认识铣床各部件，知道各部件的作用。
3. 能熟练操作手轮使工作台进行横向进给和纵向进给。
4. 会实现铣床工作台横向和纵向的自动进给。
5. 会选择主轴转速。
6. 会选择进给速度。

任务资讯

一、铣床安全操作规程

（1）操作者必须熟练掌握铣床的操作要领和技术性能，考核合格后才能上岗作业。

（2）开机前必须认真检查设备的各部位、各手柄、各变速挡，确保处在合理位置，发现故障应及时修理，严禁带病作业。

（3）开机前必须按润滑图表的要求，认真做好设备的加油润滑工作。

（4）工作前应穿好工作服，女工要戴工作帽，操作时严禁戴手套。

（5）刀杆、拉杆、夹头和刀具要在开机前装好并拧紧，不得利用主轴转动来帮助装卸。工件、刀具的装夹必须牢固可靠，不得有松动现象。

（6）调整、转速、装拆工件、测量工件等，必须在停车后进行。

（7）装夹工件要稳固。装卸、对刀、测量、变速、紧固心轴及清洁机床，都必须在机床停稳后进行。

（8）对刀时，如需快速进给，但刀具接近工件前，必须停止快进，用手动缓慢进刀，吃刀不准过猛，严禁超负荷作业。

（9）正在切削时，不准停车，铣深槽时，要停车退刀；快速进给时，要防止手柄伤人。

（10）铣床自动走刀时，必须拉脱工作台上的手柄，限位挡块应预先调整好，人不准离开运转中的设备。

（11）切削时，不准戴手套，不得直接用手清除铁屑，也不能用嘴吹，只允许用毛刷。

（12）刀具、工件的装夹要用专用工具，用力不可过猛。

（13）工作台与升降台移动前，必须将固定螺栓松开；不移动时，将其拧紧。

（14）下班前，操作者应按要求认真做好设备的清洁保养，做好润滑加油及周围场地的清洁卫生，产品零件要摆放整齐并将手柄置于空位，工作台移至正中并关闭电源。

二、铣床的操作手柄及操作方法

1. 工作台纵向、横向进给和升降的手动操作

1）操作方法

在进行工作台纵向、横向进给和升降的手动操作前，应先松开各方向紧固手柄（图1-2-1），然后再分别进行各向进给的手动操作。

工作台纵向进给、升降的操作手柄如图1-2-2所示。将某一方向的手动操作手柄插入，接通该向手动进给离合器，摇动进给手柄，就能带动工作台做相应方向上的手动进给运动。顺时针摇动手柄，可使工作台前进（或上升）；逆时针摇动手柄，则工作台后退（或下降）。

▲图1-2-1 工作台横向进给手柄

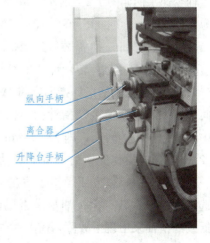

▲图1-2-2 工作台纵向进给、升降的操作手柄

当工作台需要向各个方向准确调整距离时，则需借助各向手柄上的刻度盘来完成。锁紧刻度盘后，刻度盘将与手柄同步转动。纵向、横向刻度盘的圆周刻度线为 120 格，每摇一转，工作台移动 6 mm，所以每摇过一格时，工作台移动 0.05 mm。图 1-2-3 所示为手柄刻度盘。

▲图 1-2-3　手柄刻度盘

垂直方向升降刻度盘的圆周刻度线为 40 格，每摇一转，工作台移动 2 mm，因此每摇过一格时，工作台也升(降)0.05 mm。

2) 操作提示

在进行移动规定距离的操作时，手柄摇过的刻度不能直接摇回。因为丝杠与螺母间存在着间隙，反摇手柄时由于间隙的存在，丝杠并不能马上一起转动，要等间隙消除后丝杠才能带动工作台运动，所以必须将其退回半圈以上消除间隙后，再重新摇到要求的刻度位置。另外，不需要用手动进给，采用自动进给时，必须将各向手柄与离合器脱开，以免机动进给时手柄旋转伤人。

2. 主轴的变速操作

1) 操作方法

主轴变速手柄如图 1-2-4 所示。X5030B 铣床共有 12 种转速，分别为 1 130、800、1 600、400、283、566、140、100、200、50、35、70，单位为 r/min。如需要得到 283 r/min 的主轴转速，必须先接通电源，停车(主轴停转)后再按以下步骤进行：

(1) 将左边变速手柄指针指向字母 A，中间变速手柄指针指向中间位置，右边变速手柄指针指向白色区域。这时就选中了 A 区中间白色区域的转速，即 283 r/min。

(2) 主轴变速操作完毕时，按下启动按钮(铣床正面与左侧各有一套控制按钮，以方便操作者站在不同的位置操作)，主轴即按选定的转速旋转。检查油窗是否甩油，若不甩油，说明油位过低或润滑油泵出现了故障，需及时加油、检修。

▲图 1-2-4　主轴变速手柄

2) 操作提示

在 X5030B 型铣床床身的左侧和工作台正面各有一套控制

按钮,红色为"停止",绿色为"启动",黑色为"快速进给",左侧控制板上还有主轴制动开关。由于电动机启动电流很大,主轴变速时连续变速应不超过 3 次,否则易烧毁电动机电路,若必须变速,中间的间隔时间应不少于 5 min。图 1-2-5 所示为控制按钮。

▲图 1-2-5　控制按钮

3. 进给的变速操作

铣床上的进给变速操作是为了改变机动进给时不同进给速度要求所进行的操作,进给变速手柄如图 1-2-6 所示,操作时需在停止自动进给的情况下进行。X5030B 铣床进给速度表共分上下两栏,上面一栏控制横向和纵向进给速度,下面一栏控制升降台进给速度。横向、纵向工作台移动速度为:26、12、18、202、96、139、72、34、50、565、268、390,升降台移动速度为:10、5、7、81、38、56、29、14、20、226、107、156 共 24 种进给速度,其单位为 mm/min。如横向工作台需要获得 139 mm/min 的进给速度时,则做如下操作:

▲图 1-2-6　进给变速手柄

(1)将左侧进给变速手柄指针指向字母 A。
(2)将中间进给变速手柄指向右侧。

（3）将右侧进给变速手柄指向蓝色区域。

（4）此时即可读出 A 区右侧蓝色区域的进给速度为 139 mm/min。

4. 工作台纵向、横向和升降的机动进给操作

1）操作方法

X5030B 型铣床的操纵手柄与启动按钮一样，为了便于操作者操作方便，放在机床的工作台正面。进行机动进给操作前，应先检查各手动手柄是否与离合器脱开（特别是升降手柄），以免手柄转动伤人。图 1-2-7 所示为横向、纵向、升降进给方向调整手柄。

(a) (b) (c)

▲图 1-2-7 横向、纵向、升降进给方向调整手柄

(a)横向进给方向；(b)纵向进给方向；(c)升降进给方向

具体操作方法 ➡
（1）打开电源开关。
（2）检查各挡块的位置，确保其安全、紧固。三个进给方向的安全工作范围各由两限位挡块实现安全限制。若非工作需要，不得将其随意拆除。
（3）按所需进给的方向扳动相应的手柄，工作台即按所需方向移动。

2）操作提示

机动进给手柄的设置使操作非常形象化。当机动进给手柄与进给方向处于垂直状态时，机动进给是停止的；当机动进给手柄处于倾斜状态时，机动进给被接通。在主轴转动时，手柄向哪个方向倾斜，即向哪个方向进行机动进给；如果同时按下快速移动按钮，工作台即向该进给方向进行快速移动。

🔧 任务实施

1. 让学生抄写铣床安全操作规程，熟记该操作规程。
2. 将学生进行分组，每组一台铣床，分别安排一个责任心强的组长负责。
3. 手动操作横向和纵向工作台，注意工作台移动的距离和移动方向。
4. 手动操作升降台，注意升降台移动的距离和移动的方向。

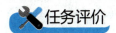任务评价

一、个人、小组评价

1. 通过对铣床的操作，让学生总结操作过程中的体会。
2. 分组展示小组在操作过程中的收获。
3. 思考一下，学习本任务对今后学习有何帮助。

二、教师评价

教师对各小组任务完成情况分别做评价。
1. 找出各组的优点进行点评。
2. 对任务完成过程中各组的缺点进行点评，提出改进方法。
3. 对整个任务完成中出现的亮点和不足进行点评。

三、任务实施

任务实施后，完成任务评价表（表 1-2-1）。

▼表 1-2-1　任务评价表

组别				小组负责人			
成员姓名				班级			
课题名称				实施时间			
评价类别	评价内容	评价标准	配分	个人自评	小组评价	教师评价
学习准备	课前准备	资料收集、整理、自主学习	5			
学习过程	信息收集	能收集有效的信息	5			
	铣床操作	认真聆听老师讲解	5			
		主轴转速设定	5			
		进给速度设定	5			
		手动横向操作	5			
		手动纵向操作	5			
		机动横向进给操作	10			
		机动纵向进给操作	10			

项目一　认识普通铣床及其基本操作

续表

组别			小组负责人			
成员姓名			班级			
课题名称			实施时间			
学习过程	问题探究	能在车间参观中发现问题，并用理论知识解释问题	10			
	文明生产	服从管理，遵守校规、校纪和安全操作规程	5			
学习拓展	知识迁移	能实现前后知识的迁移	5			
	应变能力	能举一反三，提出改进建议或方案	5			
	创新程度	有创新建议提出	5			
学习态度	主动程度	主动性强	5			
	合作意识	能与同伴团结协作	5			
	严谨细致	认真仔细，不出差错	5			
总　计			100			
教师总评（成绩、不足及注意事项）						
综合评定等级(个人 30%，小组 30%，教师 40%)						

任课教师：_____　　　　年　月　日

练习与提高

一、填空题

1. 操作者必须熟练掌握铣床的_____和_____，凭_____后上岗作业。

2. 工作前应穿好_____，女工要戴_____，操作时严禁_____。

3. 对刀时，如需快速进给，但刀具接近工件前，必须_____快进，用手动缓慢进刀，吃刀不准_____，严禁_____作业。

4. 在进行工作台纵向、横向进给和升降的手动操作前，应先松开各方向_____，然后再分别进行各向进给的_____。

二、简答题

1. 主轴如需获得 200 r/min、400 r/min 转速，如何选择手柄位置？

2. 进给变速如需设定横向、纵向工作台移动速度为 56 mm/min、72 mm/min，如何选择手柄位置？

3. 简述工作台纵向、横向和升降的机动进给操作方法。

任务3　铣削常用刀具的认识与安装

铣刀是广泛用于平面及各种成形表面加工的刀具，可以进行铣平面、沟槽、台阶、花键、齿形、内腔、螺纹和铣成形表面。铣削是切削加工中典型的多齿（或多刃）切削加工方法。铣削的效率很高，受力很不平稳。

任务目标

1. 能正确识读铣刀的材料。
2. 能识别不同的铣刀。
3. 能根据零件图纸正确选择铣削刀具。

任务资讯

一、铣刀的材料

1. 铣刀切削部分材料的基本要求

1）高硬度

铣刀切削部分材料的硬度必须高于工件材料的硬度，其常温下硬度一般要在60HRC以上。

2）良好的耐磨性

耐磨性是指材料抵抗磨损的能力。良好的耐磨性是铣刀具备较长使用寿命的保证。

3）足够的强度和韧性

足够的强度可以保证铣刀在承受很大的切削力时不至于断裂和损坏，足够的韧性可以保证铣刀受到冲击和振动时不会崩刃和碎裂。

4）良好的红硬性（也称热硬性）

红硬性是指切削部分的材料在高温下仍能保持正常进行切削所需的硬度、耐磨性、强度和韧性的能力。

5）良好的工艺性

工艺性指材料的可锻性、焊接性、切削加工性、可磨性、高温塑性以及热处理等性能。工艺性的好坏决定了刀具是否便于制造，对于形状比较复杂的铣刀，良好的工艺性尤为重要。

2. 铣刀切削部分常用的材料

1) 高速钢

高速钢是一种以钨、钼、铬、钒、钛、钴为主要合金元素的高合金工具钢。由于钢中含有大量金属碳化合物形成元素，热处理后可形成高硬度的难熔碳化物，硬度可达63～70HRC，红硬性温度可达500 ℃～600 ℃（在600 ℃高温下硬度保持在47～55HRC）。高速钢具有较好的切削性能，切削钢件时速度一般为16～35 m/min。高速钢的强度高、韧性好，能磨出锋利的刃口，具有良好的工艺性能，是制造铣刀最常用的材料。

2) 硬质合金

硬质合金以钴为黏结剂，将高硬质难熔的金属物（WC、TiC、TaC、NbC等）粉末用粉末冶金方法黏结制成。硬质合金常温硬度达89～94HRA，热硬性温度高达900 ℃～1 000 ℃，耐磨性好，切削速度可比高速钢高4～7倍，一般用于高速铣削。但其韧性差，承受冲击、振动能力差；刀刃不易磨得锋利，加工工艺性差。硬质合金铣刀大多不是整体式，而是将硬质合金刀片以焊接或机械夹固的方法镶装于铣刀刀体上。常用的硬质合金有钨钴、钨钛钴、钨钛钽（铌）三类。

二、铣刀的种类

1. 铣刀的分类

铣刀的种类很多，其分类方法也很多。通常按其用途可分为4类。

1) 铣平面用铣刀

铣平面用铣刀包括圆柱铣刀（图1-3-1）、端铣刀（图1-3-2）、机夹端铣刀，主要用于粗铣及半精铣平面。

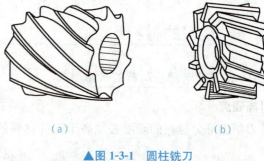

(a)　　　　　　　(b)

▲图 1-3-1　圆柱铣刀

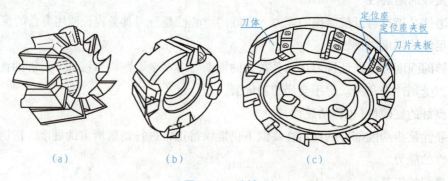

(a)　　　　(b)　　　　(c)

▲图 1-3-2　端铣刀

(a) 整体式刀片；(b) 焊接式硬质合金刀片；(c) 机械夹固式可转位硬质合金刀片

2）铣直沟槽用铣刀

铣直沟槽用铣刀主要有三面刃铣刀、盘形槽铣刀、立铣刀、键槽铣刀等，如图 1-3-3～图 1-3-7 所示，用于铣削各种槽、台阶平面和各种型材的切断。

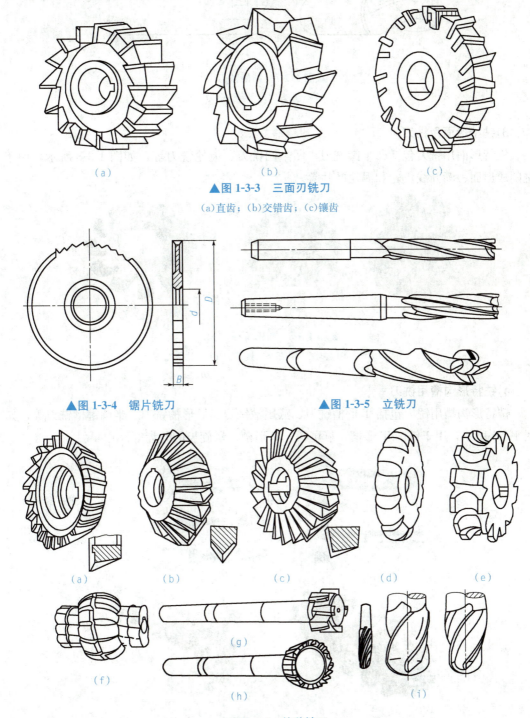

▲图 1-3-3　三面刃铣刀
(a)直齿；(b)交错齿；(c)镶齿

▲图 1-3-4　锯片铣刀　　　　　▲图 1-3-5　立铣刀

▲图 1-3-6　特种铣刀
(a)、(b)、(c)角度铣刀；(d)、(e)、(f)成形铣刀；(g)T形槽铣刀；(h)燕尾槽铣刀；(i)指状铣刀

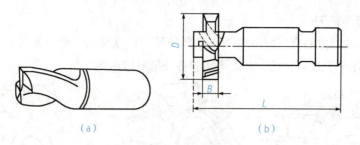

▲图 1-3-7　键槽铣刀

(a)键槽铣刀；(b)半圆键铣刀

3)铣特形面用铣刀

铣特形面用铣刀包括凸半圆铣刀、凹半圆铣刀、齿轮铣刀等，如图 1-3-8 所示，用于铣削成形面、渐开线齿轮和涡轮叶片等。

▲图 1-3-8　特形面铣用刀

(a)凸半圆铣刀；(b)凹半圆铣刀；(c)齿轮铣刀

4)铣特形沟槽用铣刀

铣特形沟槽用铣刀包括T形槽铣刀、燕尾槽铣刀、V形槽铣刀、半圆键槽铣刀等，如图 1-3-9 所示，用于铣削 T 形槽、燕尾槽、V 形槽、螺旋齿的开齿等。

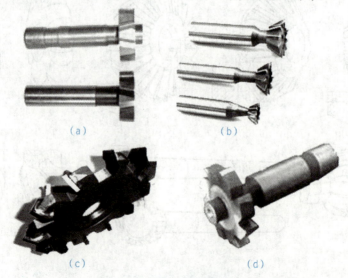

▲图 1-3-9　特形沟槽用铣刀

(a)T形槽铣刀；(b)燕尾槽铣刀；(c)V形槽铣刀；(d)半圆键槽铣刀

2. 铣刀的规格

铣刀规格很多，具体内容见表1-3-1。

▼ 表1-3-1 铣刀规格

铣刀类型	规格表示	示 例
圆柱铣刀、三面刃铣刀、锯片铣刀等带孔铣刀	外径×宽度×孔径	如50×40×20的圆柱铣刀，则表示外径为50 mm、宽度为40 mm、孔径为20 mm
立铣刀、键槽铣刀	以外径尺寸表示	如ϕ16的立铣刀，表示直径为16 mm
角度铣刀	外径×宽度×孔径×角度	50×40×20×60°的角度铣刀，表示外径为50 mm、宽度为40 mm、孔径为20 mm、角度为60°的单角铣刀
凸、凹半圆铣刀	以刀具的圆弧半径表示	如R10的凸半圆铣刀，表示铣刀的圆弧半径为10 mm

三、铣刀的装卸

铣刀安装方法正确与否，决定了铣刀的运转平稳性和铣刀的寿命，影响铣削质量（如铣削加工的尺寸、形位公差和表面粗糙度）。

1. 带孔铣刀的装卸

圆柱形铣刀和三面刃铣刀等带孔铣刀的安装要通过铣刀杆，铣刀杆是装夹铣刀的过渡工具。铣刀不同，铣刀杆的结构及形状也略有差异。图1-3-10所示为带孔铣刀的装卸。

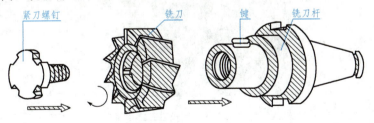

▲ 图1-3-10 带孔铣刀的装卸

铣刀杆左端是一锥度为7∶24的锥柄，用来与铣床主轴内锥孔相配。锥体尾端有内螺纹孔，通过拉紧螺杆将铣刀杆拉紧在主轴锥孔内。锥体前端有一带两缺口的凸缘，与主轴轴端的键配合。铣刀杆中部是长为L的光轴，用来安装铣刀和垫圈，光轴上有键槽，用来安装定位键，将转矩传递给铣刀。铣刀杆右端是螺纹和轴颈，螺纹用来安装紧刀螺钉，紧固铣刀，轴颈用来与挂架轴承孔配合，支撑铣刀杆右端。

铣刀杆光轴的直径与带孔铣刀的孔径相对应，有多种规格：16 mm、22 mm、27 mm、

32 mm、40 mm、50 mm 和 60 mm，常用的有 22 mm、27 mm 和 32 mm 三种。铣刀杆的光轴长度 L 也有多种规格，可按工作需要选用。根据铣刀孔径选择相应直径的铣刀杆，铣刀杆长度在满足安装铣刀不影响正常铣削的前提下，尽量选择短一些的，以增强铣刀的钢度。

2. 套式端铣刀的安装

套式端铣刀有内孔带键槽和端面带键槽两种结构形式，安装时分别采用带纵键的铣刀杆和带端键的铣刀杆，铣刀杆的安装方法与前面相同。

1）内孔带键槽套式端铣刀的安装

内孔带键槽套式端铣刀的安装，如图 1-3-11 所示。其安装步骤如下：

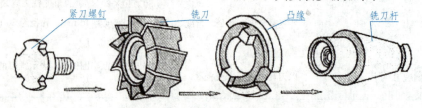

▲图 1-3-11　内孔带键槽套式端铣刀的安装

（1）根据铣刀孔直径，选择相应直径的铣刀杆。
（2）做好安装部位的清洁工作。
（3）将凸缘装入铣刀杆。
（4）将刀杆安装在铣床上。铣刀杆凸缘外部的槽对准铣床主轴端部的键。
（5）安装铣刀。铣刀孔的键槽对准铣刀杆凸缘内的键，旋入紧刀螺钉。

2）端面带键槽套式端铣刀的安装

端面带键槽套式端铣刀的安装，如图 1-3-12 所示。其安装步骤如下：

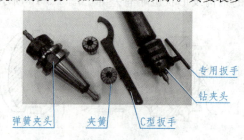

▲图 1-3-12　端面带键槽套式端铣刀的安装

（1）根据铣刀孔直径，选择相应直径的铣刀杆。
（2）做好安装部位的清洁工作。
（3）将铣刀杆安装在铣床上，铣刀杆凸缘上的槽对准主轴端部的键。
（4）安装铣刀，铣刀孔的键槽对准铣刀杆上的键。
（5）旋紧紧刀螺钉，紧固铣刀。

3. 带柄铣刀的装卸

带柄铣刀有直柄和锥柄两种。直柄铣刀有立铣刀、T形槽铣刀、键槽铣刀、半圆键槽铣刀、燕尾槽铣刀等,其柄部为圆柱形。锥柄铣刀有锥柄立铣刀、锥柄T形槽铣刀、锥柄键槽铣刀等,其柄部一般采用莫氏锥度,有莫氏1号、2号、3号、4号、5号五种,按铣刀直径的大小不同,制成不同号数的锥柄。

1) 直柄铣刀的安装

直柄铣刀的安装,一般通过钻夹头或弹簧夹头(通常有3条弹性槽)安装在铣床主轴锥孔内,如图1-3-13所示。直柄铣刀的柄部装入钻夹头或弹簧夹头内,钻夹头或弹簧夹头的柄部装入主轴锥孔内。

▲图 1-3-13　直柄铣刀的安装

2) 锥柄铣刀的装卸

(1) 锥柄铣刀的安装。

如果铣刀柄部锥度与铣床主轴锥孔锥度相同,擦净铣刀,将锥柄装入铣床主轴锥孔中,然后旋入拉紧螺杆,用专用的拉杆扳手将其旋紧即可,如图1-3-14所示。

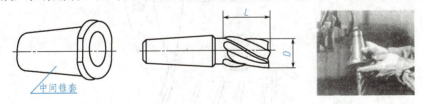

▲图 1-3-14　柄部锥度与铣床主轴锥孔锥度相同的铣刀安装

如果铣刀柄部锥度与铣床主轴锥孔锥度不同,可用中间锥套(变形套)来安装,如图1-3-15所示。安装时,将铣刀装入中间锥套的锥孔中,再将装有铣刀的中间锥套装入铣床主轴锥孔内。

(2) 锥柄铣刀的拆卸。

借助中间锥套安装的锥柄铣刀,卸刀时连同中间锥套一并卸下。若铣刀落入中间锥套内,可用短螺杆旋入几圈后,用锤子敲下铣刀,如图1-3-16所示。在万能铣

▲图 1-3-15　借助中间锥套安装锥柄

头上拆卸锥柄铣刀时,先将主轴转速降到最低或将主轴锁紧,然后用拉杆扳手旋松拉紧螺杆,继续旋转拉紧螺杆,在背紧螺母限位的情形下,利用拉紧螺杆向下的推力直接卸下铣刀,如图1-3-17所示。

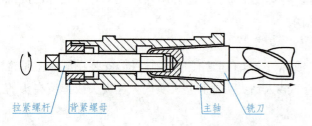
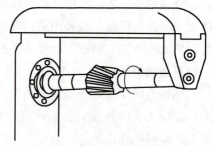

▲图 1-3-16　借助中间锥套安装的锥柄铣刀的拆卸　　▲图 1-3-17　在万能铣头上拆卸锥柄铣刀

4. 铣刀安装后的检查

铣刀安装后,应做以下几方面检查:
(1)检查铣刀装夹是否牢固。
(2)检查挂架轴承孔与铣刀杆支撑轴颈的配合间隙是否合适,一般情形下以铣削时不振动、挂架轴承不发热为宜。
(3)检查铣刀回转方向是否正确,在启动机床主轴回转后,铣刀应向着前刀面方向回转,如图1-3-18所示。

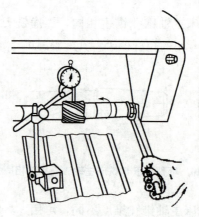

▲图 1-3-18　铣刀向着前刀面方向回转

(4)检查铣刀刀齿的径向圆跳动和端面圆跳动,如图1-3-19所示。对于一般的铣削,可用目测或凭经验确定铣刀刀齿的径向圆跳动和端面圆跳动是否符合要求。对于精密的铣削,可用百分表检测。将磁性表座吸在工作台上,使百分表的测量触头触到铣刀的刃口部位,测量杆垂直于铣刀轴线(检查径向圆跳动)或平行于铣刀轴线(检查端面圆跳动),然后用扳手向铣刀后刀面方向回转铣刀,观察百分表指针在铣刀回转一圈内的变化情况,一般要求为 0.005~0.006 mm。

任务3 铣削常用刀具的认识与安装

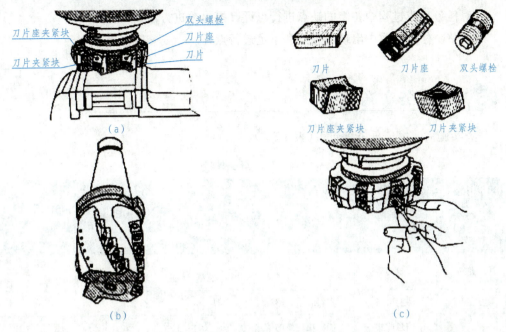

▲图 1-3-19 检查铣刀刀齿的径向圆跳动和端面圆跳动
(a)端铣；(b)周铣；(c)更换刀片

🔧 任务实施

1. 每组分发不同规格的铣刀，要求在组长的带领下，写出铣刀的规格及铣刀的材料。
2. 拆装铣刀，要求每个同学都要会拆装。
3. 铣刀安装后根据所学内容，检查铣刀安装是否合理。

🔧 任务评价

一、个人、小组评价

1. 通过认识铣刀，安装铣刀，让学生总结操作过程中的体会。
2. 分组展示小组在操作过程中的收获。
3. 思考一下，学习本任务对今后学习有何帮助。

二、教师评价

教师对各小组任务完成情况分别做评价。
1. 找出各组的优点进行点评。

2. 对任务完成过程中各组的缺点进行点评，提出改进方法。
3. 对整个任务完成中出现的亮点和不足进行点评。

三、任务实施

任务实施后，完成任务评价表(表 1-3-2)。

▼表 1-3-2　任务评价表

组别				小组负责人		
成员姓名				班级		
课题名称				实施时间		
评价类别	评价内容	评价标准	配分	个人自评	小组评价	教师评价
学习准备	课前准备	资料收集、整理、自主学习	10			
学习过程	信息收集	能收集有效的信息	10			
	铣床操作	认真聆听老师讲解	10			
		铣刀选择	10			
		铣刀安装	10			
		铣刀安装检测	10			
	问题探究	能根据加工零件的不同，合理选择刀具	5			
	文明生产	服从管理，遵守校规、校纪和安全操作规程	5			
学习拓展	知识迁移	能实现前后知识的迁移	5			
	应变能力	能举一反三，提出改进建议或方案	5			
	创新程度	有创新建议提出	5			
学习态度	主动程度	主动性强	5			
	合作意识	能与同伴团结协作	5			
	严谨细致	认真仔细，不出差错	5			
总　计			100			
教师总评（成绩、不足及注意事项）						
综合评定等级(个人 30%，小组 30%，教师 40%)						

任课教师：_____　　年　月　日

练习与提高

简答题

1. 对铣刀切削部分材料的要求有哪些?
2. 铣刀按用途不同可以分为哪几类?
3. 简述内孔带键槽套式端铣刀的安装步骤。
4. 简述铣刀安装后的检查方法。

任务4　铣削常用夹具及使用

机械制造过程中用来固定加工对象,使之占有正确位置,以接受施工或检测的装置,称为卡具(qiǎ jù)。从广义上说,在工艺过程中的任何工序,用来迅速、方便、安全地安装工件的装置,都可称为夹具。

任务目标

1. 能正确选择夹具来完成零件的装夹。
2. 能正确使用百分表校正零件。

任务资讯

一、工件装夹的概念

工件装夹主要包括定位和夹紧。工件在开始加工零件之前,首先必须使其在机床上或夹具中占有某一正确的位置,这一过程称为定位。为了使定位后的工件在切削力的作用下不发生位移,使其在加工过程中始终保持正确的位置,还需要将工具压紧、夹牢,这个过程称为夹紧。

二、装夹及校正时常用的工具和量具

(一)百分表及表架

1. 百分表

百分表是一种精度较高的比较量具,它只能测出相对数值,不能测出绝对值,主要用于检测工件的形状和位置误差(如圆度、平面度、垂直度、跳动等),也可用于校正零件的安装位置以及测量零件的内径等。

1)百分表的结构

百分表主要由3个部件组成:表体部分、传动系统、读数装置,如图1-4-1所示。

2)百分表的工作原理

百分表的工作原理如图1-4-2所示。百分表是将被测尺寸引起的测杆微小直线移动,经过齿轮传动放大,变为指针在刻度盘上的转动,从而读出被测尺寸的大小。百分表是利用齿条齿轮或杠杆齿轮传动,将测杆的直线位移变为指针的角位移的计量器具。

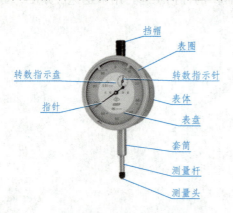

▲图1-4-1 百分表结构

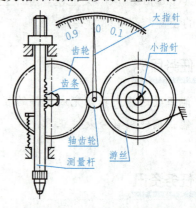

▲图1-4-2 百分表的工作原理

3)百分表的读数方法

百分表的读数方法为:先读小指针转过的刻度线(即毫米整数),再读大指针转过的刻度线(即小数部分),并乘以0.01,然后两者相加,即得到所测量的数值,如图1-4-3所示。

4)百分表在铣床上的应用

(1)用百分表校正固定钳口面。检查时,将专用表座吸在铣床的主轴上(立式铣床),用百分表测量头接触固定钳口面(保持钳口面的清洁),如图1-4-4所

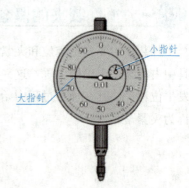

▲图1-4-3 百分表读数方法

示。摇动手轮使工作台移动,根据百分表的读数,来调整固定钳口面。

▲图 1-4-4　固定钳口面的校正

(2)用百分表校正工件。检查时,将专用表座吸在铣床的主轴上(立式铣床),用百分表测量头接触工件上表面(保持工件上表面的清洁),如图 1-4-5 所示。摇动手轮使工作台移动,根据百分表的读数,来调整工件的装夹位置。

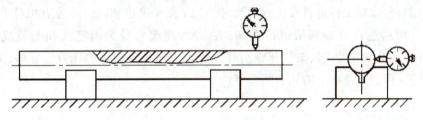

▲图 1-4-5　工件的校正

(3)用百分表检查铣刀刀齿的径向圆跳动和端面圆跳动。检查时,将专用表座吸在铣床工作台台面上,用百分表测量头接触铣刀的刃口部位,测量杆垂直于铣刀轴线,如图 1-4-6(a)所示,检查其径向圆跳动;将测量头压在铣刀端面上(即平行于铣刀轴线),如图 1-4-6(b)所示,检查铣刀端面圆跳动。

　　　　(a)　　　　　　　　　　(b)

▲图 1-4-6　工件的校正

(a)检查铣刀径向圆跳动;(b)检查铣刀端面圆跳动

5)使用百分表的注意事项

(1)使用前,应检查测量杆活动的灵活性。即轻轻推动测量杆时,测量杆在套筒内的移动要灵活,没有任何卡阻现象,每次手松开后,指针都能回到原来的刻度位置。

（2）使用时，必须把百分表固定在可靠的表架上。切不可贪图省事，随便夹在不稳固的地方，否则容易造成测量结果不准确或摔坏百分表。

（3）测量时，不要使测量杆的行程超过它的测量范围，不要使表头突然撞到工件上，也不要用百分表测量表面粗糙度或有显著凹凸不平的工件。

（4）测量平面时，百分表的测量杆要与平面垂直，测量圆柱形工件时，测量杆要与工件的中心线垂直，否则，将使测量杆活动不灵或测量结果不准确。

（5）为方便读数，在测量前一般都让大指针指到刻度盘的零位。

6）百分表维护与保养

（1）远离液体，不使冷却液、切削液、水或油与百分表接触。

（2）在不使用时，要摘下百分表，使表解除其所有负荷，让测量杆处于自由状态。

（3）成套保存于盒内，避免丢失与混用。

2. 百分表表架

在利用百分表对工件进行校正或检测时，为了便于确定和调整百分表相对于工件或机床的位置，可通过百分表表架进行操作。百分表表架可分为固定式和磁吸式两种，如图1-4-7所示。由于磁吸式表架打开磁力开关时可方便地在机床的床身、导轨、横梁等许多部位固定，所以在铣床上应用较为广泛。

（二）划针及划针盘

用划针盘找正有两种方式：一种是直接把指针指到工件顶方，然后转动工件，看工件与指针的距离变化来校正；另一种是在工件端面划十字线（钳工），然后通过旋转十字用划针盘检查划线对称的方法来校正，如图1-4-8所示，这两种方法都比较粗糙。一般有要求的场合都会直接用百分表顶住工件表面，通过校正跳动的方法来校正，不过这样的方法只适合工件上有已经加工好的外圆面。

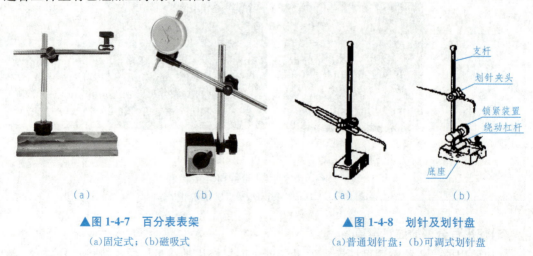

▲图1-4-7 百分表表架
（a）固定式；（b）磁吸式

▲图1-4-8 划针及划针盘
（a）普通划针盘；（b）可调式划针盘

三、用平口钳装夹工件

1. 机床用平口钳

机床用平口钳是铣床上常用的机床附件,如图 1-4-9 所示。常用的平口钳主要有非回转式和回转式两种:回转式平口钳主要由固定钳口、活动钳口、底座等组成。非回转式与回转式平口钳的结构基本相同,只是底座上没有转盘,钳体不能回转,但刚度高。回转平口钳可以扳转任意角度,故适应性很好。

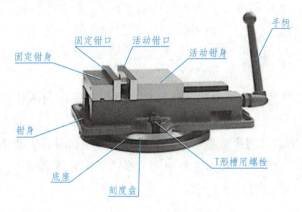

▲图 1-4-9 机床用平口钳

2. 机床用平口钳的安装

机床用平口钳的安装非常方便,先擦净底座和铣床工作台表面,将底座上的定位键放入工作台的中央 T 形槽内,即可对机床平口钳进行紧固和夹紧。

3. 机床用平口钳的校正

对于加工精度要求较高的工件,例如,要求平口钳平面与铣床主轴轴线有较高的垂直度或平行度精度时,应校正固定钳口面。校正固定钳口面常用的方法有用划针校正、用 90°角尺校正和用百分表校正。校正机床用平口钳时,应先松开平口钳的紧固螺母,校正后将紧固螺母旋紧。

1) 用划针校正

将划针夹持在铣刀杆的垫圈间,调整工作台,使划针靠近固定钳口面,纵向移动工作台,观察并调整固定钳口面与划针针尖的距离,使其大小均匀并在钳口全长范围内一致,此法常用于精度较低的粗校正。

2) 百分表校正

将磁力表座吸在垂直导轨面上或横梁导轨上。安装百分表,使测头接触到固定钳口面上,并使活动测量杆压缩 1 mm 左右。移动工作台,参照百分表读数调整钳口平面。在钳口全长范围内,使百分表读数的差值小于 0.03 mm。此方法用于加工精度较高的工件时对固定钳口面进行精度校正。

4. 机床用平口钳装夹工件

铣削一般长方体工件的平面、斜面、台阶或轴类工件的键槽时，都可以用机床用平口钳来进行装夹。

1) 操作方法

(1) 选择毛坯上一个大而平整的毛坯面作为粗精准，将其靠在固定钳口面上。最好在钳口与工件之间垫上铜皮，以防止损坏钳口。用划针盘校正毛坯上平面位置，符合要求后夹紧工件。校正时，工件不宜夹得太紧。

(2) 以机床用平口钳固定钳口面作为定位基准时，将工件的基准面靠向固定钳口面，并在其活动钳口与工件之间放置一根圆棒。圆棒要与钳口的上平面平行，其位置应在工件被夹持部分高度的中间偏上处。通过圆棒夹紧工件，能保证工件的基准面与固定钳口面密合。

(3) 以钳体导轨面作为定位基准时，将工件的基准面靠向钳体导轨面。在工件与导轨面之间有时要加垫平行垫铁。为了使工件基准面与导轨面平行，工件夹紧后，可用铝棒或纯铜棒轻击工件上平面，并用手试移垫铁。当垫铁不再松动时，表明垫铁与工件，同时垫铁与水平导轨面三者密合较好。敲击工件时用力要适当，并逐渐减小。若用力过大，会因产生的反作用力而影响平行垫铁的密合。

2) 操作提示

(1) 装夹工件时应将各接合面擦拭干净。

(2) 工件的装夹高度以铣削时铣刀不接触钳口上平面为宜。

(3) 工件的装夹位置应尽量使机床用平口钳的钳口受力均匀。必要时可以加垫块进行平衡。

(4) 用平行垫铁装夹工件时，所选垫铁的平面度、平行度和垂直度应符合要求，且垫铁表面应具有一定的硬度。

四、用压板装夹工件

对于外形尺寸较大或不便于用机床用平口钳装夹的工件，常用压板将其压紧在铣床工作台面上进行装夹。

1. 操作方法

使用压板夹紧工件时，应选择两块以上的压板。压板的一端搭在工件上，另一端搭在垫铁上。垫铁的高度应等于或略高于工件被紧压部位的高度。T形螺栓略接近于工件一侧，在螺母与压板之间必须加垫垫圈。

2. 操作提示

（1）在铣床工作台面上，不允许拖拉表面粗糙的工件。夹紧时，应在毛坯与工作台面之间衬垫铜皮，以免损伤工作台表面。

（2）用压板在工件已加工表面上夹紧时，应在工件与压板间衬垫铜皮，以避免损伤工件已加工表面。

（3）正确选择压板在工件上的夹紧位置，尽量靠近加工区域并处于工件刚度最高的位置。若夹紧部位有悬空现象，应将工件垫实。

（4）螺栓要拧紧，尽量不使用活扳手，以防止其滑脱伤人。

任务实施

1. 让学生装夹工件并分别用划针和百分表校正。
2. 将学生进行分组，每组一台铣床，分别安排一个责任心强的组长负责。
3. 让学生使用机床用平口钳装夹工件。
4. 让学生使用压板装夹工件。

任务评价

一、个人、小组评价

1. 通过对铣床夹具的使用及工件装夹的校正，让学生总结操作过程中的体会。
2. 分组展示小组在操作过程中的收获。
3. 思考一下，学习本任务对今后学习有何帮助。

二、教师评价

教师对各小组任务完成情况分别做评价。
1. 找出各组的优点进行点评。
2. 对任务完成过程中各组的缺点进行点评，提出改进方法。
3. 对整个任务完成中出现的亮点和不足进行点评。

三、任务实施

任务实施后，完成任务评价表（表1-4-1）。

项目一 认识普通铣床及其基本操作

▼表 1-4-1 任务评价表

组别				小组负责人			
成员姓名				班级			
课题名称				实施时间			
评价类别	评价内容	评价标准	配分	个人自评	小组评价	教师评价	
学习准备	课前准备	资料收集、整理、自主学习	5				
学习过程	信息收集	能收集有效的信息	5				
	铣床操作	认真聆听老师讲解	5				
		划针盘校正机用平口钳	10				
		百分表校正机用平口钳	10				
		平口钳装夹工件及校正	10				
		压板装夹工件及校正	10				
	问题探究	针对机用平口钳安装校正过程中存在的问题,用理论知识来解答	10				
	文明生产	服从管理,遵守校规、校纪和安全操作规程	5				
学习拓展	知识迁移	能实现前后知识的迁移	5				
	应变能力	能举一反三,提出改进建议或方案	5				
	创新程度	有创新建议提出	5				
学习态度	主动程度	主动性强	5				
	合作意识	能与同伴团结协作	5				
	严谨细致	认真仔细,不出差错	5				
总计			100				
教师总评(成绩、不足及注意事项)							
综合评定等级(个人 30%,小组 30%,教师 40%)							

任课教师:_____   年   月   日

练习与提高

一、填空题

1. 工件装夹主要包括_____和_____。
2. 百分表是利用_____,将测量杆的_____变为指针的。

3. 常用的平口钳主要有_____和_____两种，_____可以扳转任意角度，故适应性很好。

4. 对于外形尺寸较大或不便于用机床用平口钳装夹的工件，常用_____将其压紧在铣床工作台面上进行装夹。

5. 铣削一般长方体工件的_____、_____、台阶或轴类工件的键槽时，都可以用机床用平口钳来进行装夹。

6. 使用压板夹紧工件时，应选择_____以上的压板。压板的一端搭在_____上，另一端搭在_____上。

二、简答题

1. 简述百分表工作原理。
2. 简述机床用平口钳装夹工件的方法。
3. 简述用压板装夹工件的方法。

项目二

平面的铣削

任务 1　平行垫铁的铣削

在铣削加工过程中,经常会用到平行垫铁,平行垫铁在装夹工件时用来支撑工件,如图 2-1-1 所示。

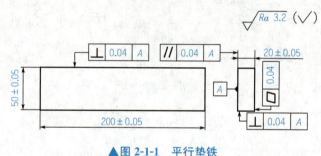

▲图 2-1-1　平行垫铁

任务目标

1. 掌握用圆柱铣刀和端铣刀铣削平面的方法。
2. 正确选用铣削平面时的铣刀和切削用量。
3. 正确确定长方体工件的铣削工艺设计。
4. 掌握测量长度尺寸、平面度、平行度等量具的正确使用。
5. 掌握平面度、平行度的检验方法。
6. 分析长方体工件铣削时的质量问题。

任务描述

使用铣床加工平行垫铁,其毛坯尺寸为 52 mm×202 mm×22 mm。通过分析图样,根据工件材料的加工特性选择加工机床和加工工具、夹具,确定加工参数,设计加工工艺卡,按工艺卡实施加工和检验。图 2-1-1 所示为平行垫铁,其长度为 200 mm,精度要求为 ±0.05 mm;宽度是 50 mm,精度要求为 ±0.05 mm;厚度是 20 mm,精度要求为

±0.04 mm；同时，各平面的平面度公差为 0.04 mm，表示六面体的整个平面的高低变化不允许超过 0.04 mm；相邻面之间的垂直度公差为 0.04 mm；相邻面之间的平行度公差为 0.04 mm。材料是 45 钢，没有热处理。

任务资讯

一、平面的铣削方法

铣削平面是铣床最常见的工作，平面可以在卧式铣床上安装圆柱铣刀铣削加工，如图 2-1-2 所示；也可以在卧式铣床上安装端铣刀进行铣削，如图 2-1-3 所示；也可以在立式铣床上安装端铣刀进行立铣铣削，如图 2-1-4 所示。

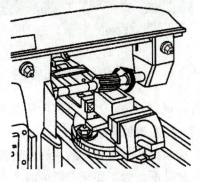

▲图 2-1-2 在卧式铣床上安装圆柱铣刀铣削平面

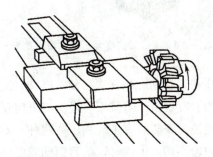

▲图 2-1-3 在卧式铣床上安装端铣刀铣削平面

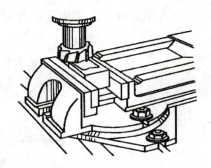

▲图 2-1-4 在立式铣床上安装端铣刀铣削平面

1. 用圆柱铣刀铣削平面

1）铣刀的选择

用圆柱铣刀铣削平面时，铣刀的选择原则如下：

（1）铣刀宽度应大于工件加工表面的宽度，这样可以在一次进给中铣削出整个加工表

面,如图 2-1-5 所示。

(2)粗加工平面时,应选用齿数较少的铣刀。

(3)精加工平面时,应选用齿数较多的铣刀。

2)铣刀的安装

为了提高铣刀的刚度,在不影响加工的情况下,铣刀应尽量靠近主轴一端安装,挂架尽量靠近铣刀安装。若铣削时切削力大,铣削的工件强度高或切削面较宽时,应在铣刀和铣刀杆之间安装定位键,以防止铣刀在铣削中产生松动,如图 2-1-6 所示。

 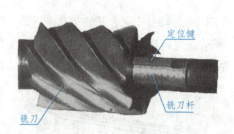

▲图 2-1-5　铣刀宽度大于加工表面宽度　　　▲图 2-1-6　在铣刀和铣刀杆间安装定位键

圆柱铣刀有左旋和右旋之分,将铣刀直立放置并观察刀齿,若铣刀刀齿从左下向右上偏转,为右旋铣刀;若铣刀刀齿从右下向左上偏转,为左旋铣刀。

圆柱铣刀安装时有正装和反装两种,不论铣刀旋向如何,安装后的主轴旋转方向应保证铣刀刀齿在切入工件时,前刀面朝着工件方向正常铣削。为了使铣刀铣削时产生的轴线切削力朝向主轴,装刀时从挂架一端观察,使用右旋铣刀时,应使铣刀按顺时针方向旋转铣削,如图 2-1-7 所示;使用左旋铣刀时,应使铣刀按逆时针方向旋转铣削,如图 2-1-8 所示;这两种装刀方式称为正装,否则为反装。为使铣削更加平稳,铣削力应朝向主轴,一般将铣刀正装。

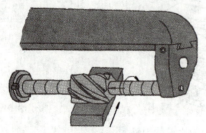 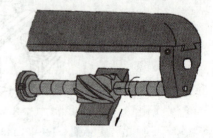

▲图 2-1-7　右旋铣刀的正确安装　　　　　▲图 2-1-8　左旋铣刀的正确安装

3)铣削方式选择

铣削时一般情况下应采用逆铣方式,而且使铣削力的方向作用于固定钳口,如图 2-1-9 所示,以防铣削过程中工件飞出。

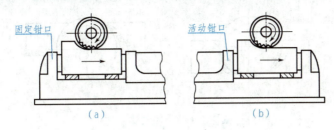

▲图 2-1-9 铣削时的铣削方向

(a)正确；(b)不正确

4)铣削用量的选择

铣削用量应根据工件材料、加工表面余量大小、工件加工表面尺寸精度和表面质量要求，以及铣刀、设备、夹具等条件来确定。铣削平面时铣削用量的一般选择见表 2-1-1。

▼表 2-1-1 铣削平面时铣削用量的一般选择

铣削用量	切削深度 a_p/mm	每齿进给量 f_z/mm	铣削速度 V_c/(m·min^{-1})
粗铣	2～4	0.15～0.3	16～35
精铣	0.5～1	0.07～0.2	80～120

5)铣削深度的调整

铣床各部分调整完成以及工件装夹校正，铣削深度的调整步骤如下：

(1)启动铣床使铣刀旋转，手摇各进给操作手柄，使工件处于旋转的铣刀下方。

(2)上升工作台，使铣刀轻轻地靠到工件，退出工件。

(3)上升垂直进给，调整好铣削深度。

(4)将横向进给紧固，手摇纵向进给手柄使工件靠近铣刀。

(5)扳动机动进给手柄，自动走刀铣除加工余量。

2. 用端铣刀铣削平面

1)对称铣与不对称铣

端铣时，刀具与工件的位置对称，刀齿切入工件与切出工件的切削厚度相同，称为对称铣削，如图 2-1-10 所示。端铣时，铣削切入时切削厚度最小，而切出工件的切削厚度最大，这种铣削方式可减小对刀齿的冲击，使切削平稳并提高刀具耐用度，这种铣削加工称为不对称铣削，如图 2-1-11(a)所示。图 2-1-11(b)中铣削切入时切削厚度最大，而切出工件的切削厚度最小，要尽量避免这种加工情况。

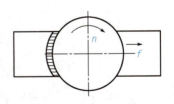

▲图 2-1-10 对称铣削

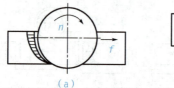
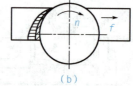

(a) (b)

▲图 2-1-11 不对称铣削

(a)切削厚度最小；(b)切削厚度最大

对称铣时，一半是顺铣，一半是逆铣。不对称铣也有顺铣和逆铣。当工件的被加工表面较宽，且接近于铣刀直径时，应采用对称铣削；但为了使避免铣削中工作台出现窜动而影响铣削的平稳性，有时也采用不对称逆铣。

2)立铣头主轴轴心线与工作台台面垂直度的校正

对于安装有万能立铣头的铣床，用端铣刀进行平面铣削时，如果立铣头轴线与工作台台面不垂直，铣削加工时会将工件铣削出一个凹面，因而必须对立铣头进行校正检验，其校正方法有两种。

（1）用90°角度尺校正，如图 2-1-12 所示。

先将锥度心轴插入立铣头主轴锥孔，再用角尺短边底面贴在工作台面上，用角尺长边外侧测量面靠向心轴圆柱面。注意：应从与纵向进给平行与垂直两个方向检测，以密合或上下间隙均匀为合格。校正过程中，可以松开立铣头壳体和主轴座体的紧固螺母，调整立铣头主轴轴线在两个方向上的垂直度误差，合格后再紧固螺母。

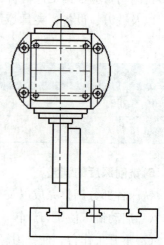

▲图 2-1-12 用90°角度尺校正

（2）用百分表校正，如图 2-1-13 所示。

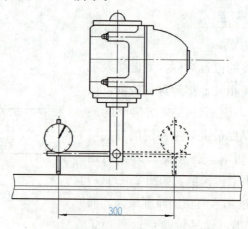

▲图 2-1-13 用百分表校正

将表杆夹持在立铣头主轴上，安装百分表，使表的测量杆与工作台台面垂直，测量杆压缩 0.3~0.5 mm，记下百分表的读数值，将立铣头回转一周，观察其指针变化。在直径 300 mm 的回转范围内不超过 0.02 mm 即为合格，如果超差，则应松开回转转盘紧固螺钉，进行适当调整后再进行检测，直至合格为止。

二、平行面的铣削

平行面是指与基准面平行的平面，平面铣削时，一般都在卧式铣床上用平口钳装夹工件进行铣削，因此平口钳钳体的导轨面是主要的定位面。当装夹高度低于平口钳钳口高度时，要在工件基准面与平口钳钳体导轨间垫放两块厚度相等的平行垫铁，较厚的工件，可以垫放两块厚度相等的铜皮，以便检查基准面与平口钳导轨是否平行。

铣削平行面时，还要保证两平行面间的尺寸精度要求。在单件生产时一般采取铣削→测量→再铣削……的循环方式进行，直至达到规定的尺寸要求为止。因此，控制尺寸精度必须注意粗铣时切削抗力大，铣刀受力抬起量大，精铣时切削抗力小，铣刀受力抬起量小，在调整工作台上升距离时，应加以考虑。当尺寸精度要求较高时，应在粗铣与精铣之间增加半精铣（精加工余量 0.5 mm 为宜），再根据余量大小借助百分表调整工作台升高量。经粗铣和半精铣后测量工件尺寸，一般在平口钳上测量，不能取下工件。

用这种装夹方式铣削时，影响平行度的因素见表 2-1-2。

▼表 2-1-2　影响平行度的因素

原因	影响因素	措　　施
基准面与钳体导轨面不平行	1. 平行垫铁的厚度不相等； 2. 平行垫铁的上下表面与工件基准面和平口钳钳体间有杂物； 3. 工件上与固定钳口相贴合的平面与基准面不垂直； 4. 活动钳口与平口钳钳体导轨间存在间隙	1. 为了保证两平行垫铁厚度相等，要在磨床上同时进行磨削加工； 2. 擦净各个相关表面； 3. 工件与固定钳口面紧密贴合，在活动钳口与工件间放置圆棒； 4. 夹紧后要用木槌轻轻地敲击工件顶面，两平行垫铁的四角无松动
钳体导轨面与工作台台面不平行	1. 底面与工作台台面之间有杂物； 2. 平口钳钳体导轨面与底面不平行	1. 注意去除毛刺与切屑； 2. 平口钳钳体导轨面本身与底面不平行
圆柱铣刀的原因	1. 铣刀圆柱度误差大； 2. 铣刀杆轴线与工作台台面不平行	1. 更换铣刀，认真检测，正确安装； 2. 选用好的铣刀杆，正确安装与检测

三、垂直面的铣削

垂直面是指与基准面垂直的平面。

1. 工件的装夹方式

铣削工件垂直面时工件的装夹方式见表 2-1-3。

▼表 2-1-3　铣削工件垂直面时工件的装夹方式

铣床类型	工件的装夹方式	图　示	适应范围
卧式铣床	平口钳	工件长度大于铣刀宽度 / 工件较短	较小的工件
	角铁		基准面较宽而加工面较窄的工件
立式铣床	压板	压板	基准面较宽且长，加工面较窄的工件

2. 用平口钳装夹铣削时影响垂直度的因素

用平口钳装夹铣削时影响垂直度的因素见表 2-1-4。

▼表 2-1-4　用平口钳装夹铣削时影响垂直度的因素

原　因	影响因素	调整方法
固定钳口与工作台台面不垂直	平口钳在使用过程中钳口有磨损，或者平口钳底座有毛刺或切屑	1. 在固定钳口处垫铜皮或纸片； 2. 在平口钳底面垫铜皮或纸片； 3. 校正固定钳口的钳口面； 4. 去除平口钳底座的毛刺； 5. 将平口钳底面与工作台面擦拭干净
基准面没有与固定钳口贴合	1. 工件基准面与固定钳口之间有切屑； 2. 工件的两对面不平行	1. 将钳口与基准面擦拭干净； 2. 在活动钳口处放置圆棒
铣刀因素	圆柱度误差大	1. 更换刀具； 2. 合理安装铣刀
基准面影响	基准面平行度误差大	1. 选择大而平整的面； 2. 将基准面先进行粗加工
夹紧力太大	夹紧力太大使平口钳钳口变形，造成固定钳口面外倾	合理地夹紧工件，保证铣削时工件不移动或松动，不能用加长手柄夹紧工件

四、平面铣削时的质量分析与注意事项

1. 表面粗糙度不符合要求

1）产生原因

（1）铣削进给过快。

（2）铣刀磨损且刀齿圆跳动过大。

（3）挂架轴承间隙过大。

（4）铣削中停止自动进给。

（5）铣削完成后未降下工作台就直接退出工件。

（6）铣削时未锁紧其他进给机构。

2）解决措施

（1）选择合理的铣削用量。

（2）更换铣刀并在安装后检查铣刀圆跳动误差。

(3)挂架安装时应擦净挂架轴承孔,并及时检查挂架轴承间隙,还应适当注入润滑油。

(4)注意铣削情况,特别是精铣。

(5)注意操作流程,铣削完成后应马上停止主轴旋转并降下工作台后再工作。

(6)铣削时,应锁紧不使用的进给机构,以避免铣削时产生振动。

2. 平面度不符合要求

1)产生原因

(1)圆柱铣刀的圆柱度差,铣削出的平面不平整。

(2)立铣时立铣头零位不准。

(3)端铣时工作台零位不准。

(4)工件装夹不牢固。

2)解决措施

(1)选用较好的圆柱铣刀并检查其圆跳动。

(2)及时调整好立铣头轴线与进给方向的垂直度误差。

(3)及时调整好工作台零位。

(4)认真装夹工件并校正。

3. 操作中的注意事项

(1)调整铣削深度时,若手柄摇过头,应及时消除丝杠和螺母间隙,不能直接退回刻度。

(2)铣削中不能用手摸工件和铣刀。

(3)铣削中不准测量工件。

(4)铣削中不能随意变换进给量。

(5)铣削中不准随意停止进给。

(6)进给结束后,应先停止主轴旋转,再降下工作台,然后再退出工件。

(7)铣削时,铣床不使用的进给机构应紧固。

(8)注意安全文明生产,保持工作位置的整洁。

任务实施

一、平行垫铁的加工工序

(1)平行垫铁相当于一个矩形六面体,首先选择工件毛坯上相邻的和相当平整的两面作为定位的粗基准平面,侧面 B 靠向固定钳口,底面靠在平行垫铁上,夹紧工件,保证面 A 的平行度和表面粗糙度,粗铣面 A,如果表面不光滑,可以小余量顺铣或重新刃磨铣刀、锁紧横向进给等以减小振动,最后去除工件毛刺。加工面 A 如图 2-1-14 所示。

(2)铣削面 B 时，以面 A 为精基准靠紧固定钳口，为了防止活动钳口夹紧后，工件面 A 不能紧靠固定钳口表面，在活动钳口和工件之间夹一根 $\phi 8 \sim \phi 12$ mm 的圆棒，圆棒应处于工件中央。以面 B 为底面压实在平行垫铁上，铣削少许余量，保证面 B 的平面度以及面 B 与面 A 的垂直度，垂直度可以在铣完后卸下用 90°角尺测量。如果不垂直，分两种情况：如果大于 90°，可在固定钳口下方垫纸；如果小于 90°，可在固定钳口上方垫纸，纸的厚度酌情而定。加工面 B 如图 2-1-15 所示。

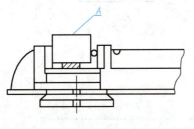
▲图 2-1-14 面 A 的加工

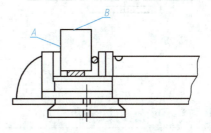
▲图 2-1-15 面 B 的加工

(3)用铣平的面 A 和面 B 作为精定位表面，铣削面 C，去毛刺、夹圆棒、擦净平行垫铁。以面 B 为底面贴紧平行垫铁，铣削少许余量，保证面 B 和面 C 平行。铣削完成后用千分尺测量两端的尺寸，误差在公差范围内即可，如果误差超差，可以在尺寸大的那一边下方垫纸，装夹工件敲实后再铣，达到要求后，将面 C 铣削至图纸尺寸，铣削完成后去毛刺。加工面 C 如图 2-1-16 所示。

(4)铣削面 D 时，以面 B 作为基准面紧靠固定钳口，面 A 为底面压紧、砸实，铣削方法同上，将面 D 铣削至图纸尺寸，铣削完成后去毛刺。加工面 D 如图 2-1-17 所示。

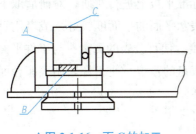
▲图 2-1-16 面 C 的加工

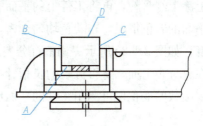
▲图 2-1-17 面 D 的加工

(5)铣削面 E 时，以面 B 作为基准面用 90°角尺校正，面 A 紧靠固定钳口，用 90°角尺调整工件与工作台面垂直。铣削少许余量，铣削完成后直接测量面 B 与面 E 的垂直度，观察 90°角尺与工件之间是否有间隙，如有间隙，敲动工件以调整工件位置，注意用力要均匀，直到面 E 与面 B 垂直，铣削完成后去毛刺。加工面 E 如图 2-1-18 所示。

(6)铣削面 F 时，面 A 紧靠固定钳口，面 E 与平行垫铁敲实，铣削方法与面 C、面 D 相同，先保证平行度，然后铣削到规定尺寸。铣削完成后去毛刺，最后检查所有尺寸。加工面 F 如图 2-1-19 所示。

项目二 平面的铣削

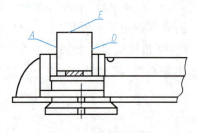 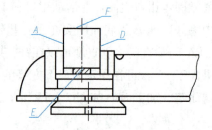

▲图 2-1-18　面 E 的加工　　　　　　　▲图 2-1-19　面 F 的加工

二、平面的检测

1. 平行度的检测

对于要求不高的工件，可用千分尺或游标卡尺测量工件的四角及中部，观察各部分尺寸的差值，这个差值就是平行度误差。如果所有尺寸的差值都在图样要求的范围内，则该工件的平行度高。

2. 平面度的检测

铣削出的平面应符合图样规定的平面度要求，因此，平面铣削好后，一般都用刀口尺通过透光法进行检验。对于平面度要求较高的平面，则可用标准平板来检测，检测时在标准平板上涂上红丹粉，再将工件上的平面放在标准平板上进行对研，对研后取下工件，观察工件平面的着色情况，若着色均匀细密，则表示平面的平面度较好。或者用百分表检验其平面度，如图 2-1-20 所示。调整百分表的高度，使百分表的测量头与工件平面接触，把工件放在百分表下面，将百分表的长指针指向表盘的零位，使工件紧贴表座台面移动，根据百分表读数的变化便可测出工件的平面度误差。

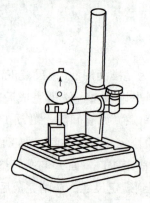

▲图 2-1-20　平面度的检测

3. 垂直度的检测

对于垂直度要求不高的零件，可用宽座角尺检验其垂直度；对于垂直度要求较高的工件，要用百分表检验，把标准角铁放在平板上，将工件用C形夹头夹在角铁上，工件下面垫上圆棒，使百分表测量头与被测平面接触，沿工件定位基准面垂直方向移动百分表，根据百分表读数值的变化，便可测出垂直度误差。

三、质量分析

1. 平行面、垂直面铣削时的质量分析

平行面、垂直面铣削时的质量分析见表 2-1-5。

▼表 2-1-5 平行面、垂直面铣削时的质量分析

不符合要求项目	产生原因	解决措施
工件尺寸	1. 看错图样尺寸； 2. 测量误差； 3. 进给手柄摇过头后直接退回刻度； 4. 工件和垫铁没擦净，尺寸变小； 5. 精铣时对刀切痕太深	1. 仔细读图，看清要求； 2. 认真测量，认真读数； 3. 进给手柄摇过头后及时消除丝杠螺母间隙，再次进给至所需刻度； 4. 擦净工件与垫铁表面，用铜锤轻击工件上表面，并试移动垫铁，当其不松动时再夹紧工件； 5. 认真操作垂直上升手柄，注意对刀
平行度和垂直度	1. 固定钳口与工作台台面不垂直； 2. 铣削各侧面时，钳口没校正好； 3. 工件和垫铁没擦净，垫上杂物； 4. 垫铁不平行	1. 校正固定钳口与工作台台面不垂直； 2. 安装好平口钳，并校正好钳口位置； 3. 擦净工件与垫铁表面，使工件与垫铁贴合良好； 4. 选用合适的平行垫铁

2. 铣削时的注意事项

（1）及时用锉刀修整工件的毛刺与锐边。
（2）铣削时可采用粗铣一刀、精铣一刀的方法来提高表面加工质量。
（3）用铜锤敲击工件表面，不能用力过猛，要轻敲，以防砸伤已加工表面。
（4）铣钢件应及时浇注切削液。

任务评价

任务实施后，完成表 2-1-6。

项目二 平面的铣削

▼表 2-1-6　平行垫铁评分表

工件名称	平行垫铁	代号		检测编号		总得分		
项目		序号	技术要求	配分	评分标准		检测记录	得分
工件加工		1	(200±0.05)mm	10	超差 0.01 mm 扣 2 分			
		2	(50±0.05)mm	10	超差 0.01 mm 扣 2 分			
		3	(20±0.05)mm	10	超差 0.01 mm 扣 2 分			
		4	平面度±0.05 mm	10	超差 0.01 mm 扣 2 分			
		5	垂直度±0.05 mm	10	超差 0.01 mm 扣 2 分			
		6	平行度±0.05 mm	10	超差 0.01 mm 扣 2 分			
		7	$Ra3.2\ \mu m$	6×2	每错一处扣 1 分			
		8	按时完成无缺陷	5	超差全扣			
工艺过程		9	加工工艺卡	8	不合理每处扣 2 分			
机床操作		10	机床操作规范	5	出错一次扣 2 分			
		11	工件、刀具装夹	5	出错一次扣 2 分			
安全文明生产		12	安全操作机床整理	5	安全事故停止操作或酌情扣分			

练习与提高

使用铣床加工长方体工件，如图 2-1-21 所示，其毛坯尺寸 42 mm×125 mm×55 mm。通过分析图样，根据工件材料的加工特性选择加工机床和加工工具、夹具，确定加工参数，设计加工工艺卡，按工艺卡实施加工和检验。

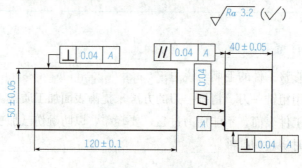

▲图 2-1-21　长方体工件

工件加工结束后，参照表 2-1-7 进行打分。

▼表 2-1-7　长方体评分表

工件名称	长方体	代号		检测编号		总得分		检测记录	得分
项目		序号	技术要求		配分	评分标准			
工件加工		1	(120±0.1)mm		10	超差 0.01 mm 扣 2 分			
		2	(50±0.05)mm		10	超差 0.01 mm 扣 2 分			
		3	(40±0.05)mm		10	超差 0.01 mm 扣 2 分			
		4	平面度±0.04 mm		10	超差 0.01 mm 扣 2 分			
		5	垂直度±0.04 mm		10	超差 0.01 mm 扣 2 分			
		6	平行度±0.04 mm		10	超差 0.01 mm 扣 2 分			
		7	$Ra3.2\ \mu m$		6×2	每错一处扣 1 分			
		8	按时完成无缺陷		5	超差全扣			
工艺过程		9	加工工艺卡		8	不合理每处扣 2 分			
机床操作		10	机床操作规范		5	出错一次扣 2 分			
		11	工件、刀具装夹		5	出错一次扣 2 分			
安全文明生产		12	安全操作机床整理		5	安全事故停止操作或酌情扣分			

任务 2　压板的铣削

零件尺寸较大或不方便用平口钳装夹时，常用压板压紧在铣床工作台台面上进行铣削加工，压板的形状依工件形状的不同有很多种。压板是通过 T 形螺栓、螺母、垫铁将工件夹紧在工作台台面上的。

🔍任务目标

1. 正确确定压板的铣削工艺过程。
2. 掌握斜面的铣削方法。
3. 掌握斜面的测量方法。
4. 分析压板铣削过程中出现的问题和注意事项。

项　目　二　　平面的铣削

🔍 任务描述

使用铣床加工压板，其毛坯尺寸为 42 mm×95 mm×19 mm，如图 2-2-1 所示。通过分析图样，根据工件材料的加工特性选择加工机床和加工工具、夹具，确定加工参数，设计加工工艺卡，按工艺卡实施加工和检验。

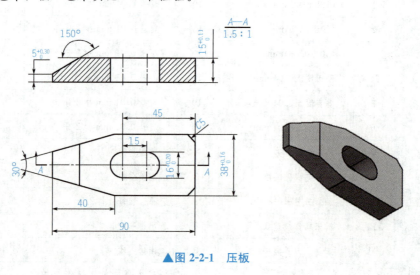

▲图 2-2-1　压板

🔧 任务资讯

斜面是指与工件基准面形成一定倾斜角度的平面。斜面相对基准面倾斜的程度用倾斜度来衡量，在图样上，倾斜度有两种表示方法：对于倾斜度较大的倾斜面，一般用度数来表示，如图 2-2-2(a)所示；对于倾斜度较小的倾斜面，往往采用比值来表示，如图 2-2-2(b)所示。

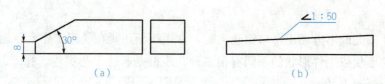

▲图 2-2-2　斜面倾斜度的表示方法
(a)用度数表示；(b)用比值表示

一、斜面铣削时的两个基本条件

（1）工件的斜面应平行于铣削时铣床工作台的进给方向。
（2）工件的斜面应与铣刀的铣削位置相吻合。

二、斜面的铣削方法

1. 工件倾斜铣削斜面

1)按划线装夹工件铣削斜面

划线装夹工件铣削斜面适用于单件生产,其操作方法如下:

(1)按图样要求,先在工件上划出斜面加工线。

(2)用平口钳装夹工件,用划针盘找正划线并与工作台平行。

(3)用圆柱铣刀或端铣刀铣削出斜面,如图 2-2-3 所示。

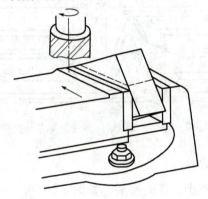

▲图 2-2-3　按划线装夹工件铣削斜面

2)用斜垫铁装夹工件铣削斜面

这种方法适用于批量生产,其特点是装夹、找正方便。其操作方法如下:

(1)将符合要求的斜垫铁放入平口钳内。

(2)将工件装夹在平口钳内,找正夹紧。

(3)用铣刀铣削出斜面,如图 2-2-4 所示。

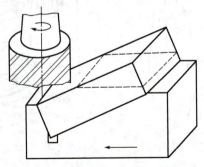

▲图 2-2-4　用斜垫铁装夹工件铣削斜面

3)用靠铁装夹工件铣削斜面

这种方法适用于外形尺寸较大的工件铣削,其操作方法如下:

(1)先在铣床工作台台面上按要求安装一块倾斜的靠铁。
(2)再将工件的一个侧面靠向靠铁的基准面,用压板夹紧工件。
(3)用端铣刀铣削出符合要求的斜面。

4)调转平口钳钳体角度装夹工件铣削斜面

操作方法如下:
(1)安装平口钳后,先校正固定钳口与铣床主轴轴线垂直或平行。
(2)通过平口钳底座上的划线,将钳身调转至所需角度。
(3)在平口钳中装夹工件,铣削出斜面,如图 2-2-5 所示。

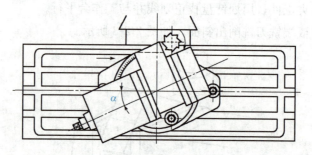

▲图 2-2-5 调转平口钳钳体角度装夹工件铣削斜面

5)用可倾虎钳装夹铣削斜面

这种方法只适用于尺寸较小工件的铣削,如图 2-2-6 所示。可倾虎钳不仅能绕垂直轴旋转,而且能绕垂直轴转动至所需角度,但其刚性差且所选的铣削用量也小。

6)可倾工作台装夹工件铣削斜面

这种方法只适用于尺寸较大工件的铣削,如图 2-2-7 所示。其原理与可倾虎钳一样,但其刚性好,可将工件用压板直接压紧在工作台台面上进行铣削。

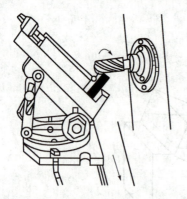
▲图 2-2-6 用可倾虎钳装夹铣削斜面

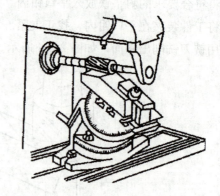
▲图 2-2-7 可倾工作台装夹工件铣削斜面

2. 铣刀倾斜铣削平面

铣刀倾斜实际上就是铣床主轴转过一个所需角度铣削斜面的方法,如图 2-2-8 所示。

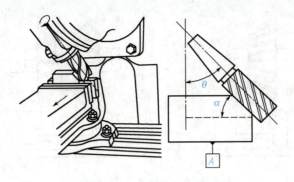

▲ 图 2-2-8　转动立铣刀铣削斜面

根据所用刀具和工件装夹情况，立铣头的倾斜角度见表 2-2-1。

▼ 表 2-2-1　铣削斜面时立铣头的倾斜角度

θ——立铣头主轴倾角； α——工件标注角度	端面刃铣削	圆周刃铣削
工件角度标注形式		
	$\theta = \alpha$	$\theta = 90° - \alpha$
	$\theta = \alpha$	$\theta = 90° - \alpha$
	$\theta = 90° - \alpha$	$\theta = \alpha$
	$\theta = 90° - \alpha$	$\theta = \alpha$

3. 角度铣刀铣削斜面

对于较窄或较小的斜面，一般用角度铣刀直接铣削出，铣削时应选用适合的角度铣刀来铣削相应的斜面，如图 2-2-9 所示。

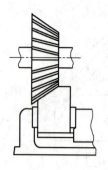 

▲图 2-2-9　用角度铣刀铣削斜面

三、斜面的检测

对于精度要求很高，角度又是较小的斜面，可用正弦规检测。一般要求的斜面，可用万能角度尺检测斜面的角度，如图 2-2-10 所示；精度较高的斜面可以用正弦规检测斜面的角度，如图 2-2-11 所示。

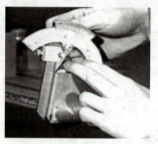 

▲图 2-2-10　用万能角度尺检测斜面的角度　　▲图 2-2-11　用正弦规检测斜面的角度

任务实施

压板的铣削

1. 铣削工艺过程

1）安装端铣刀铣外形尺寸

压板毛坯如图 2-2-12 所示。切削用量 $n=600$ r/min，进给速度 75 mm/min。

（1）铣基准面 A。

（2）铣面 B。基准面靠向固定钳口，在活动钳口与工件间放置圆棒装夹工件，保证面 B 与基准面的垂直。

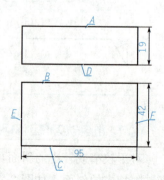

▲图 2-2-12　压板毛坯

(3)铣面 C。基准面 A 靠向固定钳口，在活动钳口与工件间放置圆棒装夹工件，面 B 在下，用锤子敲紧工件，铣削保证尺寸 $40_{0}^{+0.16}$，面 C 与面 B 平行。

(4)铣面 D。基准面 A 在下，面 B 靠向固定钳口装夹工件，铣削保证尺寸 $15_{-0}^{+0.11}$ mm，保证平行。

(5)铣面 E。基准面 A 靠向固定钳口，用 90°角尺校正工件面 B 与平口钳钳体导轨面垂直，装夹工件，铣削保证面 E 与基准面和面 B 垂直。

(6)铣面 F。基准面 A 靠向固定钳口，面 E 靠向平口钳钳体导轨面装夹工件，铣削保证尺寸 100 mm，保证平行。

2)铣斜面

划线：划出斜面加工线。

铣削：用划针盘校正工件所划加工线与工作台台面平行，用端铣刀铣出斜面，保证角度 150°、30°、C5 倒角、斜面长度。

3)铣封闭槽(切削用量 $n=375$ r/min，进给速度 30 mm/min)

划线：在工件上划出槽的尺寸、位置线。

预钻落刀孔：选用 $\phi12\sim\phi14$ mm 的麻花钻，在封闭槽圆弧中心处钻落刀孔。

铣削：安装 $\phi16$ mm 的键槽铣刀，调整好铣刀位置并进行对刀，锁住横向进给，顺着落刀孔落下铣刀，分数次铣出封闭槽，保证封闭槽位置精度、长度。

2. 注意事项

(1)铣削过程中每次重新装夹工件前，修整工件上的锐边和去毛刺。
(2)铣削时分粗、精铣，以提高工件表面的加工质量。
(3)用锤子敲紧工件时，不要砸伤工件已加工面。
(4)铣削封闭槽时，应使用切削液。

任务评价

任务实施后，完成表 2-2-2。

▼表 2-2-2 压板评分表

工件名称		压板	代号		检测编号		总分		
序号	考核要求	配分	评分标准			量具	检测与考核记录	扣分	得分
		T Ra	$\leq T$ $Ra\sim$ $\leq 2Ra$	$>T\sim$ $\leq 2T$ $\leq Ra$	$>T$ $>Ra$				
1	90 mm $Ra6.3\ \mu m$	7/1	8	2	0	游标卡尺			

续表

工件名称		压板	代号		检测编号		总分			
序号	考核要求	配分	评分标准			量具	检测与考核记录	扣分	得分
		T Ra	≤T> Ra~ ≤2Ra	>T~ ≤2T ≤Ra	>T >Ra				
2	$15_0^{+0.11}$ mm $Ra3.2\ \mu m$	7/1	7	1	0	游标卡尺			
3	$38_0^{+0.16}$ mm $Ra6.3\ \mu m$	7/1	7	1	0	游标卡尺			
4	45 mm	6	6	0	0	游标卡尺			
5	15 mm	6	6	0	0	游标卡尺			
6	$16_0^{+0.20}$ mm $Ra6.3\ \mu m$	8/2	8	2	0	塞规			
7	C5（2处） $Ra3.2\ \mu m$	6/2	6	2	0	游标卡尺			
8	30°	10	10	2	0	万能量角器			
9	150°	10	10	2	0	万能量角器			
10	40 mm	6	6	2	0	游标卡尺			
11	$5_0^{+0.3}$ mm $Ra6.3\ \mu m$	7/1	7	1	0	游标卡尺			
12	技术要求1	6	6	0	0				
13	技术要求2	6	6	0	0				
14	未列入尺寸及Ra		每超差一处扣1分						
15	外观		毛刺、损伤、畸形等扣1~5分 未加工或严重畸形另扣5分			目测			
16	安全文明生产		酌情扣1~5分，严重者扣10分			现场记录			
合计		100							
备注									

练习与提高

使用铣床加工方形压板,其毛坯尺寸为 54 mm×155 mm×18 mm,如图 2-2-13 所示。通过分析图样,根据工件材料的加工特性选择加工机床和加工工具、夹具,确定加工参数,设计加工工艺卡,按工艺卡实施加工和检验。

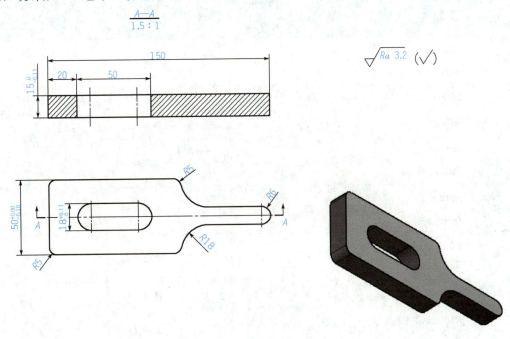

▲图 2-2-13　方形压板

工件加工结束后,参照表 2-2-3 方形压板评分表进行打分。

▼表 2-2-3　方形压板评分表

序号	工件名称	方形压板	代号		检测编号		总分		
	考核要求	配分	评分标准			量具	检测与考核记录	扣分	得分
			T Ra	≤T Ra~ ≤2Ra	>T~ ≤2T ≤Ra	>T >Ra				
1	150 mm $Ra3.2\ \mu m$	8/1	8	2	0		游标卡尺			
2	$50_{-0.1}^{\ 0}$ mm $Ra3.2\ \mu m$	8/1	8	1	0		游标卡尺			

续表

序号	考核要求	工件名称 方形压板	代号		检测编号	量具	总分 检测与考核记录	扣分	得分
		配分	评分标准						
		T Ra	≤T Ra~ ≤2Ra	>T~ ≤2T ≤Ra	>T >Ra				
3	$15_{-0.11}^{0}$ mm $Ra3.2\ \mu m$	8/1	8	1	0	游标卡尺			
4	20 mm	6	6	0	0	游标卡尺			
5	50 mm	7	7	0	0	游标卡尺			
6	$18_{0}^{+0.11}$ mm $Ra3.2\ \mu m$	9/2	9	2	0	塞规			
7	R5(4处) $Ra3.2\ \mu m$	12/4	12	2	0	半径样板			
8	R6 $Ra3.2\ \mu m$	8/2	8	2	0	半径样板			
9	30 mm	5	5	2	0	游标卡尺			
10	R18 mm(2处) $Ra3.2\ \mu m$	8/2	8	1	0	半径样板			
11	技术要求1	4	4	0	0				
12	技术要求2	4	4	0	0				
13	未列入尺寸及Ra		每超差一处扣1分			游标卡尺			
14	外观		毛刺、损伤、畸形等扣1～5分 未加工或严重畸形另扣5分			目测			
15	安全文明生产		酌情扣1～5分，严重者扣10分			现场记录			
	合计	100							
	备注								

任务3 台阶键的铣削

台阶键是用来把轴和套装在轴上的零件(如联轴节、皮带轮、齿轮等)固定在一起,并起传递转矩作用的零件,如图 2-3-1 所示。台阶键的精度要求较高,台阶键的凸台宽度及深度在尺寸误差方面要求较高,零件的表面粗糙度值大都为 $Ra6.3$ μm。

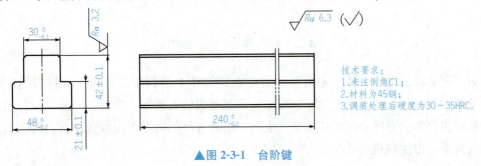

▲图 2-3-1 台阶键

🔍 任务目标

1. 正确确定台阶键的铣削工艺过程。
2. 掌握台阶面的铣削方法。
3. 掌握台阶面的测量方法。
4. 分析台阶键铣削过程中出现的问题和注意事项。

🔍 任务描述

使用铣床加工台阶键,其毛坯尺寸为 46 mm×53 mm×245 mm。通过分析图样,根据工件材料的加工特性选择加工机床和加工工具、夹具,确定加工参数,设计加工工艺卡,按工艺卡实施加工和检验。

🔧 任务资讯

◎ 台阶面的铣削方法

🎯 1. 在立式铣床上用端铣刀、立铣刀进行铣削台阶面

对于宽而浅的台阶工件,常用端铣刀在立式铣床上进行加工。端铣刀刀杆刚度高,切

削平稳,加工质量好,生产效率高,端铣刀的直径 D 应按台阶宽度尺寸 B 选取,要求$D \approx 1.5B$,如图 2-3-2 所示。

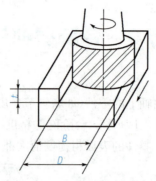

▲图 2-3-2 端铣刀铣削台阶面

对于窄而深的台阶工件,常用立铣刀在立式铣床上进行加工。由于立铣刀的刚度较低,铣削时的铣刀也容易产生"让刀"现象,甚至造成铣刀折断。为此,一般采取分层法粗铣,最后将台阶的宽度和深度精铣至要求。在条件许可的情况下,应选用直径较大的立铣刀铣削台阶,以提高铣削效率。

2. 在卧式铣床上用三面刃铣刀铣削台阶面

在批量生产加工双台阶面时,常常采用两把铣刀组合同时进行铣削,不仅能提高生产效率,而且操作简单并能保证加工质量。图 2-3-3 所示为三面刃铣刀铣削台阶面。使用时应注意调整两把铣刀之间的距离,使其符合台阶凸台宽度尺寸的要求。同时,也要调整好铣刀与工件的铣削位置。选择铣刀时,两把铣刀的规格和直径

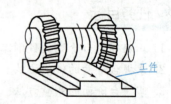

▲图 2-3-3 三面刃铣刀铣削台阶面

必须相同,必要时将两把铣刀一起装夹,同时在磨床上刃磨其外圆柱面上的切削刃。

两把铣刀内侧切削刃间的距离由多个铣刀杆垫圈进行间隔调整。通过不同厚度垫圈的换装,使其符合台阶宽度尺寸的铣削要求。在正式铣削之前,应使用废料进行试铣削,以确定组合铣刀符合工件的加工要求,装刀时,两把铣刀应错开半个刀齿,以减轻铣削过程中的振动。

1)操作提示

(1)铣刀安装后,要认真检测铣刀的径向跳动量,跳动量不宜超过 0.03 mm。

(2)铣削之前,必须严格检测及校正铣床零位、夹具的定位基准和工作台进给方向的垂直度或平行度。

(3)应注意合理选用铣削用量和切削液。

(4)为避免工作台产生窜动现象,铣削时应紧固不使用的进给机构。

2)采用分层法铣削

用三面刃铣刀铣削台阶时只有圆柱面切削刃和一个侧面切削刃参加铣削,铣刀的一个

侧面受力，就会使铣刀向不受力一侧偏让而产生"让刀"现象。尤其是铣削较深的窄台阶时，发生的"让刀"现象更为严重。因此，可采用分层法铣削，即将台阶的侧面留0.5~1 mm的余量，分次进给铣至台阶深度。最后一次进给时，将其底面和侧面同时铣削完成。

3) 铣削台阶面时常见的质量问题

(1) 铣削台阶面时，若垫铁不平或装夹工件时工件、机床用平口钳及垫铁没有擦拭干净，均会导致台阶平面与上、下平面不平行，台阶高度尺寸不一致。

(2) 若工件的定位基准(固定钳口)与铣床的进给方向不平行，则铣出的台阶两端便会宽窄不一致。

(3) 铣削台阶面时，无论是用三面刃铣刀铣削，还是用立铣刀或端铣刀铣削，都是混合铣削，所以，当铣床的零位不准时，用端面刃(或侧面刃)铣削出的平面就会变成一个凹面；同时，用端面刃加工出的表面的表面质量往往要比用周刃铣削出的差。

任务实施

一、台阶键的加工工序

1. 工件的装夹

铣削台阶键时通常采用机床用平口钳来装夹工件，若在卧式铣床上用三面刃铣刀铣削，应检查并校正其固定钳口面与主轴轴线垂直，同时也要与工作台纵向进给方向平行(工作台零位要准确)；否则，会影响所铣台阶的加工质量。若在立式铣床上用端铣刀、立铣刀或键槽铣刀铣削台阶，在装夹工件时，可将固定钳口面校正与工作台进给方向平行或垂直，如图2-3-4所示；若铣削倾斜的台阶时，则按其倾斜角度校正固定钳口与工作台进给方向倾斜。

▲图 2-3-4　固定钳口面的校正

装夹工件时，应使工件的侧面(基准面)靠向固定钳口面，工件的底面靠向钳体导轨面，并通过垫铁调整装夹高度，使要铣削的台阶的底面略高出钳口上平面一些，以免钳口被铣到。

2. 铣削台阶键的工艺工程

(1) 铣长方体坯料外形至尺寸。按图样要求，将毛坯外形铣削至尺寸 48 mm × 42 mm × 240 mm，确保尺寸为 32±0.1 mm，$48_{-0.2}^{\ 0}$ mm 及相邻垂直要求，基本方法见长方体加工的铣削。

(2)确定方案,选择和安装铣刀。根据图 2-3-4 可知:台阶宽度为 9 mm、深度 21 mm,属于宽度较小的台阶,因此拟采用三面刃铣刀进行铣削。根据公式 $D>d+2H$ 及 $L\leqslant B$ 的原则,现可选取 100 mm×10 mm×32 mm(20 齿)的三面刃铣刀。

铣刀安装时在铣刀杆的位置应保证工作台横向有足够的调整距离,为防止铣刀松动,可在铣刀与铣刀杆间安装平键。

(3)工件的装夹与校正。先将机床用平口钳的固定钳口校正成与工作台纵向进给方向平行;在平口钳的导轨上垫一块宽度小于 42 mm(工件宽度)的平行垫铁,使工件底面与垫铁接触后高出钳口 22 mm 左右。将工件底面的侧面(基准面)靠向固定钳口,底面贴紧垫铁,以保证工件的顶面与工件台面平行。装夹工件时在两侧钳口垫上铜皮,以防止夹伤工件两侧面,如图 2-3-5 所示。

▲图 2-3-5　工件的装夹

(a)用游标卡尺检测;(b)用千分尺检测

(4)铣各棱边倒角 C1。利用 45°的单角铣刀铣出各处棱边倒角 C1。

(5)进行检测。台阶的检测较为简单,其深度和宽度一般可用游标卡尺、游标深度尺或千分尺、深度千分尺进行检测,如图 2-3-6 所示。若台阶深度较浅不便使用千分尺测量时,可使用极限量规进行检测。

使用极限量规检测工件时,以其能进入通端而止于止端(即通端通、止端止)为原则,确定工件是否合格。

(a)　　　　　　　　　(b)

▲图 2-3-6　台阶凸台宽度的测量方法

(a)用游标卡尺检测;(b)用千分尺检测

3. 铣削时的操作注意事项

(1)铣刀安装后,要认真检测铣刀的径向跳动量,跳动量不宜超过 0.03 mm。

(2)铣削之前,必须严格检测及时校正铣床零位、夹具的定位基准和工作台进给方向的垂直或平行度。

(3)应注意合理选用铣削用量和切削液。

(4)为避免工作台产生窜动现象,铣削时应紧固不使用的进给机构。

(5)用三面刃铣刀铣削台阶时只有圆柱面切削刃和一个侧面切削刃参加铣削,铣刀的一个侧面受力,就会使铣刀向不受力一侧偏让产生"让刀"现象。尤其是铣削较深的窄台阶时,发生的"让刀"现象更为严重。因此可采用分层法铣削,即将台阶的侧面留 0.5~1 mm 的余量,分次进给铣至台阶深度。最后一次进给时,将其底面和侧面同时完成。

4. 铣削后工件的质量分析

铣削台阶面时常见的质量问题:

(1)铣削台阶键时,若垫铁不平或装夹工件时工件、机床用平口钳及垫铁没有擦拭干净,会导致台阶平面与上、下平面不平行,台阶高度尺寸不一致。

(2)若工件的定位基准(固定钳口)与铣床的进给方向不平行,则铣出的台阶两端便会宽窄不一致。

(3)铣削台阶键时,无论是用三面刃铣刀铣削,还是用立铣刀或端铣刀铣削,都是混合铣削,所以,当铣床的零位不准时,用端面刃(或侧面刃)铣削出的平面就会变成一个凹面;同时,用端面刃加工出的表面质量要比用周刃铣削出的差。

任务评价

任务实施后,完成表 2-3-1。

▼表 2-3-1 台阶键评分表

工件名称		台阶键	代号		检测编号		总分			
序号	考核要求	配分	评分标准			量具	检测与考核记录	扣分	得分
		T Ra	≤T Ra~ ≤2Ra	>T~ ≤2T ≤Ra	>T >Ra				
1	$240_{-0.2}^{0}$ mm $Ra6.3\ \mu m$	8/2	8	2	0	游标卡尺			
2	$48_{-0.2}^{0}$ mm $Ra6.3\ \mu m$	8/2	7	1	0	游标卡尺			

续表

工件名称		台阶键	代号		检测编号		总分			
序号	考核要求	配分	评分标准			量具	检测与考核记录	扣分	得分
		T Ra	≤T Ra~≤2Ra	>T~≤2T ≤Ra	>T >Ra				
3	$30_{-0.2}^{0}$ mm Ra6.3 μm	8/2	7	1	0	游标卡尺			
4	42±0.1 mm Ra3.2 μm	8/2	8	2	0	游标卡尺			
5	21±0.1 mm（2处）Ra6.3 μm	8/2	6	0	0	游标卡尺 深度尺			
6	9 mm（2处）	8	6	0	0	游标卡尺 深度尺			
7	C1（6处）Ra3.2 μm	6/2	6	2	0	游标卡尺			
8	技术要求1	6							
9	技术要求2	6		0	0				
10	未列入尺寸及Ra		每超差一处扣1分						
11	外观		毛刺、损伤、畸形等扣1~5分			目测			
			未加工或严重畸形另扣5分						
12	安全文明生产		酌情扣1~5分，严重者扣10分			现场记录			
合 计		100							
备 注									

练习与提高

使用铣床加工镶块，其毛坯尺寸为 45 mm×55 mm×65 mm，如图 2-3-7 所示。通过分析图样，根据工件材料的加工特性选择加工机床和加工工具、夹具，确定加工参数，设计加工工艺卡，按工艺卡实施加工和检验。

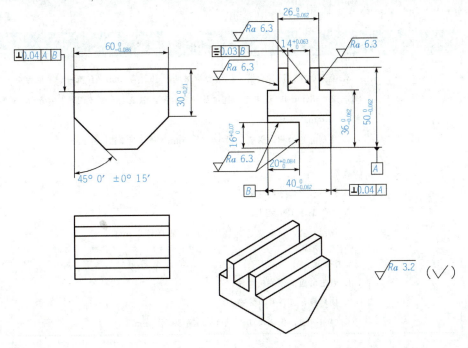

▲图 2-3-7 镶块

一、镶块的铣削

镶块的加工工艺过程见表 2-3-2。

▼表 2-3-2 镶块的加工工艺过程

加工工艺过程		具体内容与相关图样
分析图样		外形：长 $60_{-0.086}^{0}$ mm，宽 $40_{-0.062}^{0}$ mm，高 $50_{-0.062}^{0}$ mm，垂直度、平行度公差为 0.04 mm。 凸台：宽 $26_{-0.052}^{0}$ mm，深 $36_{-0.062}^{0}$ mm，对称度公差为 0.03 mm。 直角沟槽：宽 $14_{0}^{+0.053}$ mm，深 $36_{-0.062}^{0}$ mm。 台阶：宽 $20_{0}^{+0.084}$ mm，深 $16_{0}^{+0.07}$ mm。 斜面：角度 $45°\pm15'$
工艺要求		本工件直角沟槽精度要求较高，加工时应按操作规程仔细操作
铣削步骤	选择铣刀	端铣刀、立铣刀
	安装铣刀	将选择好的铣刀安装在机床主轴内
	安装校正工件	用平口钳装夹工件，校正固定钳口与工作台纵向进给方向平行
	铣削过程	铣削外形：铣削外形尺寸至 $60_{-0.086}^{0}$ mm×$40_{-0.062}^{0}$ mm×$50_{-0.062}^{0}$ mm，保证 B 基准与 A 基准垂直，保证 A 基准、B 基准与端面垂直，垂直度公差为 0.04 mm
		铣削凸台： 1. 外形铣好后，划出工件中心线及凸台部分的轮廓线。 2. 用平口钳装夹工件，使 A 基准与工作台台面平行，B 基准贴紧固定钳口

续表

加工工艺过程		具体内容与相关图样
铣削步骤	铣削过程	3. 换刀（立铣刀）铣台阶，铣削台阶深度为 $36_{-0.062}^{0}$ mm，台阶一侧宽度为 $40-(40-26)\div 2=33$ (mm)，铣完后，铣削另一侧台阶，保证凸台宽度 $26_{-0.052}^{0}$ mm，对称度公差 0.03 mm。 4. 铣削直角沟槽，保证槽宽 $14_{0}^{+0.053}$ mm，槽深度 $36_{-0.062}^{0}$ mm
		铣削台阶： 1. 划出台阶部分的轮廓线。 2. 工件翻转 $180°$ 装夹。 3. 铣削台阶，保证槽宽 $20_{0}^{+0.084}$ mm，深 $16_{0}^{+0.07}$ mm
		铣削斜面： 1. 划出斜面部分的轮廓线。 2. 按划线，工件倾斜装夹。 3. 铣削斜面，保证角度 $45°\pm 15'$，高 $30_{-0.21}^{0}$ mm
注意事项		1. 铣削时，基准面要与铣床在空间内有正确的相对位置。 2. 零件各部分的尺寸要达到图样的要求。 3. 保证对称度时应以实际的外形宽度减去凸台或沟槽的宽度

镶块加工结束后，参照表 2-3-3 镶块的评分表进行打分。

▼表 2-3-3 镶块的评分表

工件名称		镶块	代号		检测编号		总分			
序号	考核要求	配分	评分标准			量具	检测与考核记录	扣分	得分
		T Ra	≤T Ra~ ≤2Ra	>T~ ≤2T ≤Ra	>T >Ra				
1	$40_{-0.062}^{0}$ mm $Ra3.2$ μm	8/2	8	2	0	外径千分尺			
2	$50_{-0.062}^{0}$ mm $Ra3.2$ μm	8/2	8	2	0	游标卡尺			
3	$60_{-0.086}^{0}$ mm $Ra3.2$ μm	4/2	4	2	0	游标卡尺			
4	$20_{0}^{+0.084}$ mm $Ra6.3$ μm	4/1	4	1	0	游标卡尺			

续表

序号	工件名称 考核要求	镶块 配分 T Ra	代号			检测编号 量具	总分 检测与考核记录	扣分	得分
			评分标准						
			≤T Ra~ ≤2Ra	>T~ ≤2T ≤Ra	>T >Ra				
5	$16^{+0.07}_{0}$ mm $Ra6.3$ μm	4/1	4	1	0	游标卡尺			
6	$30^{0}_{-0.21}$ mm （2处）	4	4	0	0	游标卡尺			
7	$45°±15'$（2处） $Ra3.2$ μm	8/2	8	2	0	万能角度尺			
8	$36^{0}_{-0.062}$ mm $Ra3.2$ μm	4/2	4	2	0	游标卡尺			
9	$26^{0}_{-0.052}$ mm $Ra6.3$ μm	8/2	8	2	0	外径千分尺			
10	$14^{+0.053}_{0}$ mm $Ra6.3$ μm	8/2	8	2	0	塞规			
11	对称度公差 0.03 mm （2处）	12	12	0	0	百分表			
12	垂直度公差 0.04 mm （3处）	12	12	0	0	90°角尺、 塞规			
13	未列入尺寸及Ra		每超差一处扣1分			目测			
14	外观		毛刺、损伤、畸形等扣1～5分						
15	安全文明生产		未加工或严重畸形扣5分						
			酌情扣1～5分，严重者扣10分			现场记录			
	合　计	100							
	备　注								

项目三

沟槽的铣削

任务 1　直角沟槽的铣削

机械零件中常见带有沟槽的零件,图 3-1-1 所示为隔板零件的直角沟槽,图 3-1-2、图 3-1-3 所示为燕尾铣刀颈部沟槽,图 3-1-4 所示为缸体的侧面沟槽。

▲图 3-1-1　隔板

▲图 3-1-2　燕尾铣刀

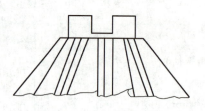

▲图 3-1-3　燕尾铣刀侧平面图

▲图 3-1-4　缸体的侧面沟槽

任务目标

1. 掌握直角沟槽的铣削与测量方法。
2. 会正确选用铣直角沟槽的刀具。
3. 能对直角槽铣削进行检测和质量分析。

任务1　直角沟槽的铣削

任务资讯

直角沟槽在铣削加工中较为常见，通常直角沟槽有以下三种形式：直通槽、半通槽（也称半封闭槽）和封闭槽三种形式，如图3-1-5所示。

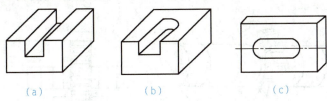

▲图 3-1-5　直角沟槽的种类

(a)直通槽；(b)半通槽；(c)封闭槽

一、用于铣削直角沟槽的铣刀

铣削直角沟槽常用的铣刀有三面刃铣刀、立铣刀和键槽铣刀，也可以用合成铣刀和盘形槽铣刀铣削，如图3-1-6所示。

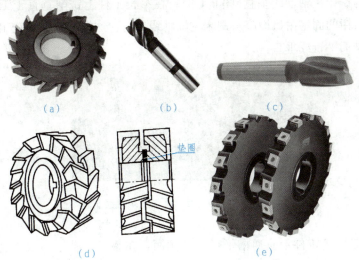

▲图 3-1-6　可用于铣直角沟槽的铣刀

(a)三面刃铣刀；(b)立铣刀；(c)键槽铣刀；(d)合成铣刀；(e)盘形槽铣刀

二、直沟槽的铣削方法

1. 铣削直通槽的方法

1) 用三面刃铣刀铣削直通槽

(1)铣刀的选用。用三面刃铣刀铣削直通槽，所选用三面刃铣刀的宽度应等于或小于所加工的槽宽，铣刀直径应大于铣刀杆垫圈直径加两倍的槽深。

三面刃铣刀的宽度 B' 应等于或小于所加工工件的槽宽，即 $B'\leqslant B$；三面刃铣刀的直径 D 应大于两倍的直通槽深度 H 与刀杆垫圈直径 d 之和，即 $D>d+2H$，如图 3-1-7 所示。对于槽宽 B 的尺寸精度要求较高的沟槽，通常选择宽度小于铣刀宽度，采用扩刀法分两次或两次以上铣削至要求。

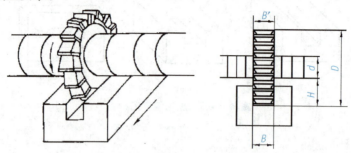

▲图 3-1-7　铣刀的选用

B'—铣刀宽度；B—沟槽宽度；D—铣刀直径；d—刀轴垫圈直径；H—凸台深度

(2) 工件的装夹。通常情况下，铣直通槽时，工件在机床上用普通平口钳装夹，平口钳的固定钳口与铣床主轴轴线垂直（图 3-1-8）；在窄长工件上铣削垂直于工件长度方向的直通槽时，平口钳的固定钳口面应与铣床主轴轴线平行。这样可以保证铣出的直通槽两侧面与工件的基准面平行或垂直。

▲图 3-1-8　固定钳口面与主轴轴线垂直

(3) 对刀方法。若工件上直通槽平行于其侧面，在装夹及校正工件之后，采用侧擦法进行对刀（图 3-1-9）。对刀时先让侧面切削刃轻擦工件侧面，然后垂直降下工作台，使工作台横向移动一个等于铣刀宽度 L 加槽侧面距离 C 的位移量 A，即 $A=L+C$。使横向进给机构紧固后，按槽的铣削深度上升工作台，即可对工件进行铣削。

2) 用立铣刀铣削直通槽

当直通槽宽度大于 25 mm 时，一般采用立铣刀扩铣法加工，如图 3-1-10 所示；或采用合成铣刀铣削，当采用合成铣刀铣削时，工件的装夹与对刀的方法与用三面

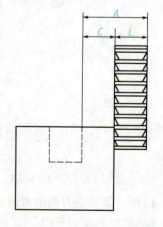

▲图 3-1-9　侧面对刀铣直通槽

刀铣刀铣削时基本相同。

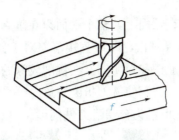

▲图 3-1-10　用立铣刀扩铣直通槽

2. 用立铣刀或键槽铣刀铣削半通槽和封闭槽

半通槽和封闭槽可采用立铣刀或键槽铣刀进行铣削。

1) 用立铣刀铣削半通槽

半通槽多采用立铣刀进行铣削，如图 3-1-11 所示。用立铣刀铣半通槽时，所选择的立铣刀直径应等于或小于槽的宽度。由于立铣刀的刚度较低，铣削时易产生"让刀"现象，甚至使铣刀折断。在铣削较深的槽时，可采用分层铣削的方法，先粗铣至槽的深度尺寸，再扩铣至槽的宽度尺寸。扩铣时，应尽量采用逆铣。

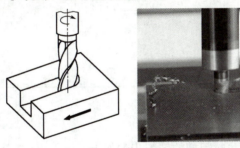

▲图 3-1-11　用立铣刀铣半通槽

2) 用立铣刀铣削封闭槽

用立铣刀铣削封闭槽时，由于立铣刀的端面刃的中心部分有中心孔，不能垂直进给铣削工件。在加工封闭槽之前，应先在槽的一端预钻一个落刀孔（落刀孔的直径应小于铣刀直径），并由此落刀孔落下铣刀进行铣削。在铣削较深的槽时，可用分层铣削的方法完成，待深度方向铣完后，再扩铣至长度尺寸。用立铣刀铣削封闭槽的方法和过程如图 3-1-12 所示。

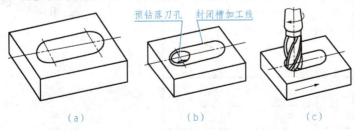

▲图 3-1-12　用立铣刀铣削封闭槽的方法和过程
(a) 划加工位置线；(b) 预钻落刀孔；(c) 在落刀孔位置落刀铣削

3)用键槽铣刀铣削封闭槽

由于键槽铣刀的主切削刃在端面上,整个端面刃在垂直进给时铣削工件,因此,用键槽铣刀铣削封闭槽时无须预钻落刀孔,即可直接落刀对工件进行铣削[图3-1-13(a)],常用于加工高精度的、较浅的半通槽和封闭槽。在铣削较深的沟槽时,若一次铣到深度,同样在铣削时易产生"让刀"现象,甚至使铣刀折断。这时可采用对深度尺寸递进进给,分层铣削的方法完成。图3-1-13(b)所示为分层进刀铣削。

(a) (b)

▲图 3-1-13 用键槽铣刀铣削封闭槽

(a)直接落刀;(b)分层进刀铣削封闭槽

一、铣削实例

1. 平面上封闭槽的铣削

图 3-1-14 所示为封闭槽,封闭槽的铣削步骤如下:

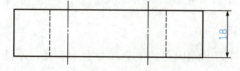

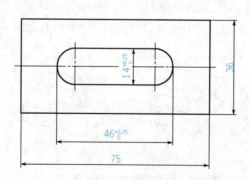

材料:45钢

▲图 3-1-14 平面封闭槽

(1)分析零件图,确定机床及刀具。由零件图可知,该零件尺寸为 75 mm×36 mm× 18 mm,待加工封闭槽的尺寸为 56 mm×16 mm,材料:45 钢。设备选用 X5032 型立式铣床,铣刀选用 φ12 mm 麻花钻钻落刀孔,用 φ12 mm 和 φ14 mm 锥柄立铣刀。

(2)划线。用高度尺在工件上划出沟槽加工线和落刀孔线,如图 3-1-15 所示。

(3)装夹工件。工件形状是规则的矩形,采用平口钳装夹,工件底下垫两块垫块,使工件高出钳口约 5 mm(垫块紧贴钳口两边放置,注意留出封闭槽位置),如图 3-1-16 所示。

 ▲图 3-1-15　划加工线与落刀孔线　　 ▲图 3-1-16　工件装夹

(4)钻落刀孔。开动铣床,调整铣刀各方向手柄,根据所划落刀孔线钻落刀孔。

(5)粗铣。安装 φ12 mm 锥柄立铣刀,调整各进给手柄,使铣刀对准落刀孔位置,降下工作台,开动铣床,开始粗铣。选择进给量 $f=23.5$ mm/min,粗铣时主轴转速 $n=375$ r/min,粗铣应分多次完成,留精铣余量 1 mm。

(6)检测。测量沟槽实际尺寸,根据情况调整工作台位置。

(7)精铣。换 φ14 mm 锥柄立铣刀,精铣沟槽(精铣时主轴转速 $n=600$ r/min)。

(8)检测合格后取下工件。

2. 平面上直通槽的铣削

以图 3-1-17 所示工件为例,介绍以立式铣刀铣削直通槽的具体加工步骤。

1)机床与刀具的选择

根据图纸,确定该工件在 X5032 型立式铣床加工;切削刀具选用 φ20 mm 的直柄立铣刀。

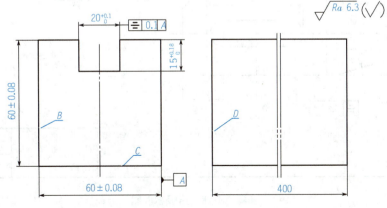

▲图 3-1-17　直通槽零件图

2)基准确定

加工矩形工件时,应选择较大的平面作为基准面,根据半成品尺寸 60 mm×60 mm×400 mm,应选择 B 面为精基准面。

3)工件的装夹

由于该工件的尺寸较小,精度要求较高,选用组合压板装夹工件。将工作台和工件底面 C 擦干净,工件置于工作台中间位置,选用合适的压板轻轻压紧工件,要压在工件刚度最好的地方,不得与刀具或主轴头发生干涉。利用百分表校正基准面 B 与工作台纵向进给方向平行,然后压紧工件。

4)对刀方法

(1)侧面对刀。开启主轴,移动横向工作台,使旋转的立铣刀缓缓与工件侧面相接触时停止移动,在横向刻度盘上做好记号,纵向退出工件。根据测量零件尺寸和图纸尺寸进行计算,横向工作台移动距离为铣刀半径加上零件厚度的 1/2,使铣刀的中心在零件的对称平面上,并紧固横向工作台。

(2)深度对刀。移动机床纵向、垂向工作台,使工件铣削部位处于铣刀下方。开启主轴,升降台带动工件缓缓升高,使铣刀刚好切削到工件后停止上升,在垂向刻度盘上做好标记,停车后下降工作台,纵向退出工件。然后垂向工作台分两次升高 14 mm,留 1 mm 精铣余量。

3. 压板零件直角沟槽的铣削

图 3-1-18 所示为压板零件图。

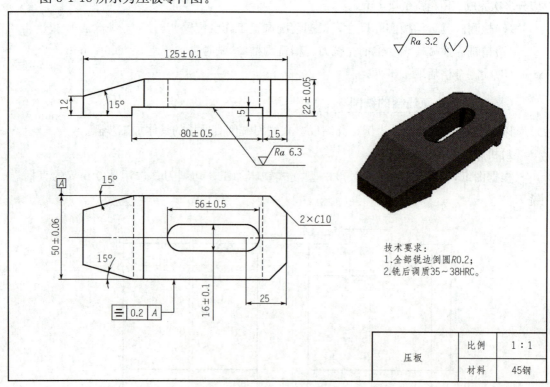

▲图 3-1-18 压板零件图

1)压板零件图分析

该工件上有两处不同类型的直角沟槽,一处是压板底部的 80 mm×5 mm 直通槽,一处是压板平面中心处的 56 mm×16 mm 封闭槽。两个槽选用不同规格的铣刀:80 mm×5 mm 直通槽采用 ϕ30 mm 立铣刀铣削;56 mm×16 mm 封闭槽采用 ϕ12~ϕ14 mm 钻头钻落刀孔,用 ϕ16 mm 立铣刀扩刀的方法铣削。

2)具体步骤

(1)对照图样划线,打样冲眼。

在划线平板上,用钢直尺、划针对照图样进行划线,并用样冲按线打好样冲眼。

> **注意**:划线时,要认真细致,划准确。打样冲眼时,用力要适中,样冲眼既不要过深,也不要过浅。

(2)选择和安装立铣刀,并调整铣刀主轴转速、工作台进给量。

①ϕ30 mm 的锥柄立铣刀,主轴转速为 235 r/min,进给量为 75 mm/min。

②ϕ12 mm 的锥柄麻花钻头,主轴转速为 475 r/min,手动进给。

③ϕ16 mm 的锥柄立铣头,主轴转速为 475 r/min,手动进给。

(3)用平口钳装夹工件,铣削 80 mm×5 mm 直通槽。

①用棉纱擦净平口钳底座接合面和铣床工作台表面。将平口钳紧固在工作台台面上,并用百分表校正平口钳钳口与纵向进给方向平行。

②将工件放入钳口,以其两侧面夹紧,基准面 A 靠向固定钳口,顶面为辅助基准,调整好位置并夹紧工件。

③移动工作台,调整铣刀位置,对刀,分三或四次走刀完成 80 mm×5 mm 直通槽的铣削,并注意保证槽宽(80±0.5)mm、槽深 5mm、定位尺寸 15 mm 等。

④检查无误后,拆下工件,用锉刀去除毛刺。

⑤用游标卡尺、游标深度尺检验工件尺寸是否合格并记录。

(4)用平口钳装夹工件,铣削 56 mm×16 mm 封闭槽。

①换上 ϕ12~ϕ14 mm 的锥柄麻花钻头。

②再次将工件放入钳口,以其两侧为夹紧面,基准面 A 靠近固定钳口,底面为辅助基准,调整好位置并夹紧工件。

③移动工作台,调整麻花钻头位置,对刀,钻落刀孔,下降升降台,换上 ϕ16mm 的锥柄立铣刀,扩刀完成 56 mm×16 mm 封闭槽的铣削,并注意保证槽宽 $16^{+0.1}_{0}$ mm、槽长 56±0.5 mm、定位尺寸 25 mm 等。

④检查无误后,拆下工件,用锉刀去除毛刺。

⑤用游标卡尺检验工件尺寸是否合格并记录。

二、直角沟槽的检测

直角沟槽检测内容主要包括:长度、宽度、深度、对称度的检测。

1. 长度、宽度和深度的检测

检测直角沟槽的长度、宽度和深度时，通常使用游标卡尺、千分尺等（图 3-1-19），对于尺寸精度要求较高的沟槽，可采用塞规检测。

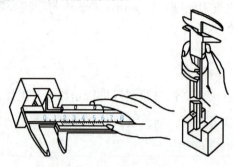

▲图 3-1-19　直角沟槽宽度、深度尺寸检测

2. 对称度的检测

检测直角沟槽的对称度时，可用游标卡尺、千分尺或杠杆百分表。用杠杆百分表检测时，工件分别以两侧面为基准放在平板上，然后将百分表测量头置于沟槽的侧面上（图 3-1-20）。移动工件，观察百分表指针变化情况，两次测量读数的最大差值即为对称度误差，如果一致，则槽的两侧就对称于工件中心平面。

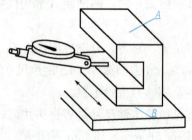

▲图 3-1-20　对称度检测

三、直角沟槽的加工质量分析

1. 直角沟槽尺寸不正确

1）产生原因

(1) 选择的铣刀尺寸不正确，使槽的尺寸铣错。
(2) 铣刀切削刃的圆跳动和端面跳动过大，使槽的尺寸变大。
(3) 用立铣刀铣削时，产生"让刀"现象。
(4) 来回几次吃刀切削工件，将槽宽铣大。
(5) 测量尺寸有错误。

2)解决措施

(1)仔细选择铣刀尺寸。

(2)加工前用百分表检查铣刀的径向跳动。

(3)认真操作、仔细测量。

(4)正确读数。

2. 槽两侧与工件中心不对称

1)产生原因

(1)对刀不准。

(2)扩铣两侧时将槽铣偏。

(3)测量尺寸时不正确,按测量的数值铣削,将槽铣偏。

2)解决措施

(1)仔细对刀。

(2)记住刻度,仔细调整工作台。

(3)仔细测量。

3. 槽侧面与工件侧面不平行

1)产生原因

(1)平口钳的固定钳口没有校正好。

(2)选择的垫铁不平行。

(3)装夹工件时工件没有校正好。

2)解决措施

(1)校正平口钳的固定钳口与铣床主轴平行。

(2)修整平行垫铁。

(3)仔细校正工件。

4. 槽的两侧出现凹面

1)产生原因

工作台零位不准,用三面刃铣刀铣削时,铣削出的槽的两侧出现凹面。

2)解决措施

校正工作台零位,随时注意铣削情况。

5. 表面粗糙度不符合要求

1)产生原因

(1)铣刀磨损变钝。

(2)进给量过大或主轴转速过低。

(3)铣削深度过大,铣刀铣削时不平稳。

(4)没有使用切削液。

2）解决措施

（1）注意刀具铣削时情况，发生磨损时，应及时刃磨或更换铣刀。
（2）选择合适的进给量或主轴转速。
（3）选择合适的铣削深度。
（4）粗精铣分开，特别是用立铣刀或键槽铣刀铣削封闭槽时，应分多次进给完成粗铣。
（5）铣削钢件时，应加注充分的切削液。

四、铣削注意事项

1. 直通槽、半通槽的铣削方法

直通槽、半通槽的铣削方法与铣削台阶基本相同。三面刃铣刀特别适宜加工较窄和较深的直通槽、半通槽。对于槽宽尺寸精度较高的直角沟槽，通常选择小于槽宽的铣刀，采用扩大法分两次或两次以上铣削至尺寸要求。由于直角沟槽的尺寸精度和位置精度要求一般都比较高，因此在铣削过程中应注意以下几点：

（1）要注意铣刀的轴向摆差，以免造成沟槽宽度尺寸超差。
（2）在槽宽需分几刀铣至尺寸时，要注意铣刀单面切削时的让刀现象。
（3）若工作台零位不准，铣出的直角沟槽会出现上宽下窄的现象，并使两侧面呈弧形凹面。
（4）在铣削过程中，不能中途停止进给，也不能退回工件。因为在铣削中，整个工艺系统的受力是有规律和方向性的，一旦停止进给，铣刀原来受到的铣削力发生变化，必然使铣刀在槽中的位置发生变化，从而使沟槽的尺寸发生变化。
（5）铣削与基准面呈倾斜角度的直角沟槽时，应将沟槽校正到与进给方向平行位置再加工。

2. 封闭槽的铣削

封闭槽一般都采用立铣刀或键槽铣刀来加工。加工时应注意以下几点：

（1）校正后的沟槽方向应与进给方向一致。
（2）立铣刀适宜加工两端封闭、底部穿通及槽宽精度要求较低的直角沟槽，如各种压板上的穿通槽等。由于立铣刀的端面切削刃不通过中心，因此，加工封闭式直角沟槽时，要在起刀位置预钻落刀孔。

立铣刀的强度及铣削刚度较差，容易产生"让刀"现象或折断，使槽壁在深度方向出现斜度，所以，加工较深的槽时应分层铣削，进给量要比三面刃铣刀小一些。

（3）对于尺寸较小、槽宽要求较高及深度较浅的封闭式直角沟槽，可采用键槽铣刀加工。铣刀的强度、刚度都较差时，应考虑分层铣削。分层铣削时应在槽的一端吃刀，以减小接刀痕迹。

（4）当采用自动进给功能进行铣削时，不能一直铣到头，必须预先停止，改用手动进给方式走刀，以免铣过有效尺寸，造成报废。

任务评价

直角沟槽的评分表见表3-1-1。

▼表3-1-1 直角沟槽评分表

工件名称	直角沟槽	代号	检测编号		总得分		
项目与配分		序号	技术要求	配分	评分标准	检测记录	得分
工件加工	沟槽长度	1	符合图中长度公差要求	10	超差0.01扣2分		
	沟槽宽度	2	符合图中宽度公差要求	10	超差0.01 mm扣2分		
	沟槽深度	3	符合图中深度公差要求	10	超差0.1 mm扣2分		
	对称度	4	对称度公差不大于0.1	10	超差0.01 mm扣2分		
	平面度	5	平面度公差不大于0.1	10	超差0.01 mm扣2分		
	平行度	6	平行度公差不大于0.1	10	超差0.01 mm扣2分		
	表面粗糙度	7	表面粗糙度不得降级	10	降级不得分		
	完成情况	8	按时完成无缺陷	5	超差全扣		
工艺过程		9	加工工艺卡	8	不合理每处扣2分		
机床操作		10	机床操作规范	5	出错一次扣2分		
			工件、刀具装夹	5	出错一次扣2分		
安全文明生产		11	安全操作 机床整理	7	安全事故停止操作或酌情扣分		

练习与提高

一、判断题

1. 封闭槽必须用立铣刀或键槽铣刀来加工。（   ）

2. 键槽铣刀的端面刃能直接切入工件，故在铣削封闭槽之前可以不加工落刀孔。
（   ）

3. 用直径较小的立铣刀和键槽铣刀铣削直角沟槽，由于作用在铣刀上的力会使铣刀偏让，因此铣刀切削位置会有少量改变。（   ）

4. 铣削直角沟槽时，若三面刃铣刀端面跳动较大，铣出的槽宽会小于铣刀宽度。
（   ）

5. 封闭式直角沟槽可直接用立铣刀加工。（   ）

79

二、选择题

1. _____特别适宜加工较窄和较深的直通槽、半通槽。
   A. 立铣刀　　B. 三面刃铣刀　　C. 键槽铣刀　　D. 齿轮铣刀

2. 槽铣刀刀齿的背部做成铲齿形状,当刀齿用钝后刃磨时,只能刃磨铣刀的_____。
   A. 前刀面　　B. 后刀面　　C. 铣刀侧面　　D. 切削平面

3. 在铣削封闭槽时,选用_____铣削加工前需钻落刀孔。
   A. 立铣刀　　B. 键槽铣刀　　C. 盘形槽铣刀　　D. 圆柱形铣刀

三、简答题

1. 常见的直角沟槽有哪几种?分别用何种铣刀加工?
2. 影响直角沟槽质量的因素有哪些?

四、操作题

1. 按图 3-1-21(定位块零件图)所示,铣削加工定位块。

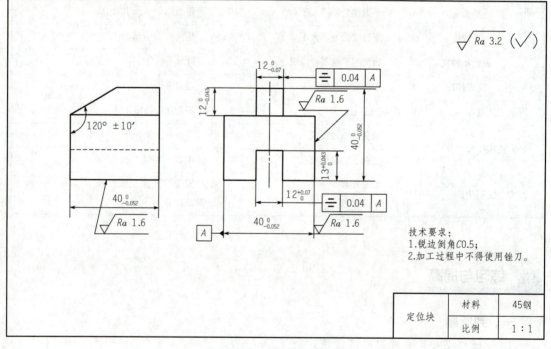

▲图 3-1-21　定位块零件图

工、量、刀具及毛坯准备清单见表 3-1-2。

▼表 3-1-2　工、量、刀具及毛坯准备清单

序号	名称	规格	精度	数量	序号	名称	规格	精度	数量
1	游标卡尺	0～150 mm	0.02 mm	1	11	铣夹头			1套
2	高度游标尺	0～300 mm	0.02 mm	1	12	钢直尺	150 mm		1个

续表

序号	名称	规格	精度	数量	序号	名称	规格	精度	数量
3	外径千分尺	0～25 mm	0.01 mm	1	13	划针、划线规			各1
4	外径千分尺	25～50 mm	0.01 mm	1	14	样冲、榔头			各1
5	深度千分尺	0～25 mm	0.01 mm	1	15	木榔头、活扳手			各1
6	内测千分尺	5～30 mm	0.01 mm	1	16	锉刀			1个
7	百分表及磁性表座	0～10 mm	0.01 mm	各1	17	垫铁			若干
8	立铣刀及拉杆	ϕ10 mm、ϕ20 mm、ϕ40 mm		各1	18				
9	万能角度尺	0°～320°	2′	1	19				
10	矩形角尺	100 mm×63 mm		1	20				
毛坯尺寸		45 mm×45 mm×45 mm			材料		45钢		

操作评分表见表3-1-3。

▼表3-1-3 操作评分表

考核项目	考核要求	配分	评分标准	检测结果		扣分	得分
				尺寸精度	粗糙度		
凸台	$12_{-0.07}^{\ 0}$ mm	9	超差无分				
	$12_{-0.043}^{\ 0}$ mm	6	超差无分				
角度	120°±10′	12	超差无分				
凹槽	$12_{\ 0}^{+0.07}$ mm	12	超差无分				
	$12_{\ 0}^{+0.07}$ mm	8	超差无分				
外形	$40_{\ 0}^{+0.043}$ mm（三处）	18	超差无分				
形位公差	⌭ 0.04 A	16	超差0.01扣2分				
表面	Ra1.6 μm（6处）	12	Ra值大1级无分				
	Ra3.2 μm（5处）	5	Ra值大1级无分				
技术要求	技术要求1	2	不合格无分				
安全文明生产	安全文明生产有关规定		违反有关规定，酌情扣分				
备注			每处尺寸超差≥1 mm，酌情扣分				

2. 按图3-1-22所示的零件图，铣削弯头压板。

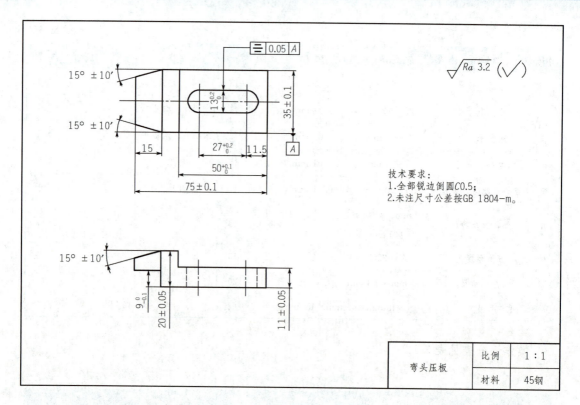

▲图 3-1-22 弯头压板零件图

工、量、刀具及毛坯准备清单见表 3-1-4。

▼表 3-1-4 工、量、刀具及毛坯准备清单

序号	名称	规格	精度	数量	序号	名称	规格	精度	数量
1	游标卡尺	0～150 mm	0.02 mm	1	11	等高垫铁			若干
2	高度游标尺	0～300 mm	0.02 mm	1	12	矩形角尺	100 mm×63 mm		1
3	外径千分尺	0～25 mm	0.01 mm	1	13	中心钻			1
4	万能角度尺	0°～320°	2′	1	14	活扳手			1
5	百分表	0～10 mm	0.01 mm	1	15	榔头			1
6	磁性表座			1	16	垫铁			若干
7	立铣刀及拉杆	ϕ40 mm、ϕ12 mm		各1	17	划针、划线规			各1
8	麻花钻	ϕ13 mm		1	18	样冲、锉刀			各1
9	铣夹头			1套	19	钢直尺	150 mm		1
10	木榔头			1	20				
毛坯尺寸		80 mm×40 mm×25 mm			材料			45钢	

操作评分表见表 3-1-5。

▼表 3-1-5　操作评分表

考核项目	考核要求	配分	评分标准	检测结果		扣分	得分
				尺寸精度	粗糙度		
槽	$13^{+0.20}_{0}$ mm、$27^{+0.20}_{0}$ mm	18	超差 0.02 mm 扣 6 分				
	2×R6.5	6	转接不圆滑无分				
宽度	(35±0.10) mm	6	超差 0.02寸 113 分				
长度	$50^{+0.10}_{0}$ mm	6	超差 0.02 mm 扣 3 分				
	(75±0.10) mm	6	超差 0.02 mm 扣 3 分				
高度	(11±0.05) mm、(20±0.05) mm	12	超差 0.02 mm 扣 3 分				
	$9^{\ 0}_{-0.10}$ mm	6	超差 0.02 mm 扣 3 分				
角度	150°±10′	6	超差 5′扣 4 分				
	150°±10′(两侧)	12	超差 5′扣 4 分				
形位公差	⊜ 0.05 A	8	超差 0.01 扣 2 分				
其他	2 项(IT12)	2	超差无分				
表面	Ra3.2 μm(12 处)	12	Ra 值大 1 级无分				
安全文明生产	安全文明生产有关规定		违反有关规定，酌情扣分				
备注			每处尺寸超差≥1 mm，酌情扣分				

任务 2　轴上键槽的铣削

轴上键槽也称轴槽，主要是用于通过键实现轴与轴上零件(如齿轮、带轮、凸轮等)的连接，轴槽两侧面在连接中起周向定位和传递转矩的作用，其基本形式与直角沟槽一样，分为通槽、半通槽和封闭槽三种。轴槽上使用的键最普遍的是平键，平键是标准件，它的两侧面是工作面，用以传递转矩。轴上零件的键槽俗称轮毂槽。轴槽与轮毂槽都是直角沟槽，多用铣削的方法加工。

项目三　沟槽的铣削

任务目标

1. 了解轴类工件的装夹方法、适用场合、工件的校正。
2. 掌握铣刀铣削位置的调整（铣刀对中心的方法）。
3. 掌握轴上键槽的铣削与测量方法。
4. 能对键槽铣削进行检测和质量分析。

任务资讯

一、轴上键槽的技术要求

轴上键槽主要有直通槽、半通槽和封闭槽。槽是要与键相互配合的，主要用于传递扭矩，防止机构打滑。键槽宽度的尺寸精度要求较高，两侧面的表面粗糙度值要小，键槽与轴线的对称度也有较高的要求，键槽深度的尺寸一般要求不高。具体要求如下：

(1) 键槽对称度要求比较高，必须对称于轴的中心线。在机械行业中，一般键槽的不对称度应该小于或等于 0.05 mm，侧面和底面须与轴心线平行，其平行度误差应小于或等于 0.05 mm(在 100 mm 范围内)。

(2) 键槽宽度、长度和深度需达到图纸要求。宽度的尺寸精度要求较高，一般达 IT9 级；长度和深度要求略低。

(3) 键槽在零件上的定位尺寸需根据国标或者图纸要求进行严格控制。

(4) 轴槽两侧面的表面粗糙度值较小，一般为 $Ra1.6 \sim Ra3.2\ \mu m$，槽底面的表面粗糙度较大，但一般不应大于 $Ra6.3\ \mu m$。

二、轴上键槽的铣削工艺

1. 工件的装夹方法

装夹工件时，不但要保证工件的稳定性和可靠性，还要保证工件在夹紧后的中心位置不变，即保证键槽中心线与轴心线重合。铣键槽的装夹方法一般有以下几种。

1) 用机用虎钳安装

如图 3-2-1(a)所示，用机用虎钳安装适用于在中小短轴上铣键槽。如图 3-2-1(b)所示，当工件直径有变化时，工件中心在钳口内也随之变动，影响键槽的对称度和深度尺寸。但装夹简便、稳固，适用于单件生产。若轴的外圆已精加工过，也可用此装夹方法进行批量生产。

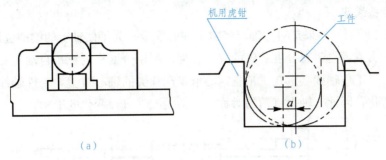

▲图 3-2-1 机用虎钳装夹轴类零件

2）用 V 形铁装夹

图 3-2-2(a)所示为 V 形铁装夹零件。V 形铁装夹适用于长粗轴上的键槽铣削，采用 V 形铁定位支撑的优点为夹持刚度好，操作方便，铣刀容易对中。其特点是工件中心只在 V 形铁的角平分线上，随直径的变化而上下变动。因此，当铣刀的中心对准 V 形铁的角平分线时，能保证键槽的对称度。如图 3-2-2(b)所示，在铣削一批直径有偏差的工件时，虽对铣削深度有影响，但变化量一般不会超过槽深的尺寸公差。如图 3-2-2(c)所示，在卧式铣床上用键槽铣刀加工，当工件的直径变化时，键槽的对称度会受影响。

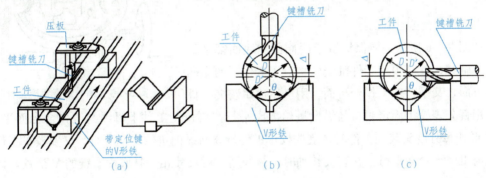

▲图 3-2-2 V 形铁装夹零件

3）工作台上 T 形槽装夹

图 3-2-3 所示为将轴直接安装在铣床工作台 T 形槽上并使用压板将轴夹紧的情况，T 形槽槽口处的倒角相当于 V 形铁上的 V 形槽，能起到定位作用。当加工直径在 20～60 mm 的长轴时，可直接装夹在工作台的 T 形槽口上，而阶梯轴和大直径轴不适合采用这种方法。

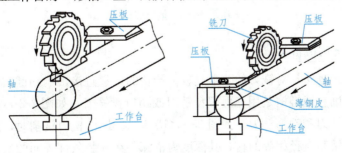

▲图 3-2-3 在 T 形槽上装夹轴

4)用分度头装夹

如图 3-2-4 所示，如果是对称键与多槽工件的安装，为了使轴上的键槽位置分布准确，大都采用分度头或者是带有分度装置的夹具装夹。利用分度头的三爪自动定心卡盘和后顶尖装夹工件时，工件轴线必定在三爪自定心卡盘和顶尖的轴心线上，工件轴线位置不会因直径变化而变化，因此，轴上键槽的对称性不会受工件直径变化的影响。

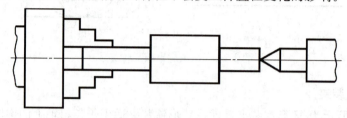

▲图 3-2-4　分度头装夹工件

5)轴专用虎钳装夹

如图 3-2-5 所示，使用轴专用虎钳装夹轴类零件时，具有用机用虎钳装夹和 V 形铁装夹的优点，装夹简便又迅速。

2. 工件的校正

如图 3-2-6 所示，要保证键槽两侧面和底面都平行于工件轴线，就必须使工件轴线既平行于工作台的纵向进给方向，又平行于工作台台面。用机用虎钳装夹工件

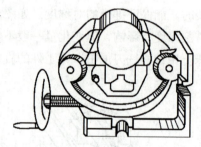

▲图 3-2-5　轴专用虎钳夹工件

时，用百分表校正固定钳口与纵向进给方向平行，再校正工件上母线与工作台台面平行；用 V 形铁和分度头装夹工件时，既要校正工件母线与纵向进给方向平行，又要校正工件上母线与工作台台面平行。在装夹长轴时，最好用一对尺寸相等且底面有键的 V 形铁，以节省校正时间。

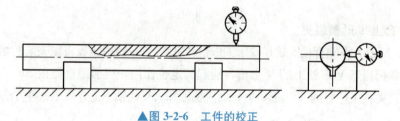

▲图 3-2-6　工件的校正

3. 铣削键槽的铣刀

铣削键槽的过程中，对铣刀的要求是较为严格的，它直接影响到键槽的精度和表面粗糙度。通常，铣削直通键槽是用三面刃盘铣刀或切口盘铣刀，如图 3-2-7(a)所示；铣削封闭式键槽是用立铣刀和键槽铣刀，如图 3-2-7(b)所示。用立铣刀铣削时，应在槽底位置的一端预钻一个与铣刀直径相等的孔，其深度为槽深。在安装条件等同的情况下，如果铣刀选择的不同，其铣削后的效果就不同，不论是表面粗糙度还是生产率都有差异，下面具体

分析这个问题。

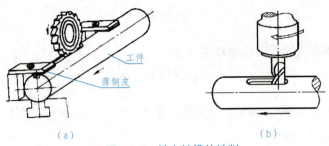

▲图 3-2-7 轴上键槽的铣削
(a)三面刃铣刀铣轴上键槽;(b)键槽铣刀铣轴上键槽

1)让刀现象

由于立铣刀齿数较键槽铣刀多,刃带较键槽铣刀长,因此,在立铣刀铣削过程中,当受到一个较大的切削力作用时,铣刀就向槽的一侧偏让,在偏让的同时多铣去槽壁一部分,使铣出的槽宽增大,这就是铣工常说的"让刀"现象。铣刀直径越小,铣削深度越大时让刀越显著。键槽铣刀之所以能克服立铣刀铣削时产生的缺陷,是因为它齿数少,容屑空间大,排屑流畅、刃短、刚度强。

2)表面粗糙度

由于键槽铣刀齿数较立铣刀少、螺旋角小,因此,在铣削时振动大,表面粗糙度大。

4. 调整铣刀切削位置

铣键槽时,调整铣刀与工件相对位置(对中心),使铣刀旋转轴线对准工件轴线,是保证键槽对称性的关键。常用的对中心方法如下。

1)擦边对中心

如图 3-2-8 所示,先在工件侧面贴张薄纸,用干净的液体作为黏液,开动铣床,当铣刀擦到薄纸后,向下退出工件,再横向移动铣刀。

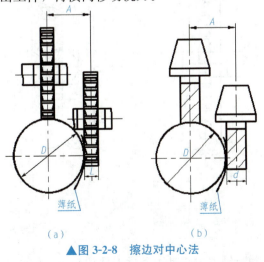

▲图 3-2-8 擦边对中心法
(a)三面刃铣刀;(b)键槽铣刀

用三面刃盘形铣刀时移动距离 A 为

$$A = \frac{D+L}{2} + \delta$$

用键槽铣刀或者立铣刀时移动距离 A 为

$$A = \frac{D+d}{2} + \delta$$

式中，A 为工作台移动距离(mm)；L 为铣刀宽度(mm)；D 为工件直径(mm)；d 为铣刀直径(mm)；δ 为纸厚(mm)。

2) 切痕对中心

切痕对中心的方法使用简便，但对中心精度不高，是最常用的对中心方法。

(1) 盘形铣刀切痕对中心法。操作方法如下：

①根据加工要求，选择合适的工件装夹方法。

②调整各进给手柄，使铣刀厚度的中心大致处于工件轴心线的对称平面位置。

③开启铣床，使铣刀在工件表面上铣削出一个小于键槽宽度的椭圆形切痕，如图 3-2-9(a)所示。

④移动横向工作台，观察铣刀两端面中心，若处于椭圆形切痕的中心位置，则铣刀厚度的中心就通过工件中心。

⑤锁紧横向工作台，开始铣削。

(2) 键槽铣刀切痕对中心法。如图 3-2-9(b)所示，其原理和盘形铣刀的切痕对中心法相同，操作方法如下：

①根据加工要求，选择合适的工件装夹方法。

②适当调整各进给手柄，使键槽铣刀中心大致对准工件中心线。

③开启铣床，使铣刀轻划工件，在工件表面上铣削出一个小于键槽宽度的小平面，如图 3-2-9(b)所示。

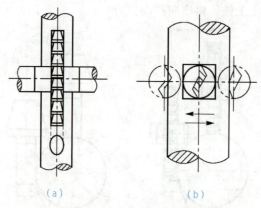

▲图 3-2-9 切痕对中心法

(a) 盘形铣刀切痕对中心法；(b) 键槽铣刀切痕对中心法

④用目测或尺量，判断铣刀中心是否通过工件轴心线，如图 3-2-10 所示。若平面两侧

的台阶高度一致,说明铣刀中心通过工件轴心线,然后开始铣削。

3) 百分表对中心

百分表对中心用于加工精度要求较高的轴槽铣削对刀,如图 3-2-11(a)所示。

操作方法如下:

①先将工件轻夹在平口钳内。

②将杠杆百分表固定在铣床主轴的下端。

③用手转动主轴,并适当调整横向工作台,观察百分表在钳口两侧 a、b 两点的读数,使百分表的读数在钳口两侧面一致,则铣床主轴轴线对准了工件轴线,如图 3-2-11(a)所示,这种对中心法较精确。

④中心对准后,锁紧横向工作台,进行铣削。

⑤若工件装在 V 形铁或分度头上铣削键槽,则移动工作台,使百分表在 a、b 两点的数值相等,即对准中心,如图 3-2-11(b)所示。

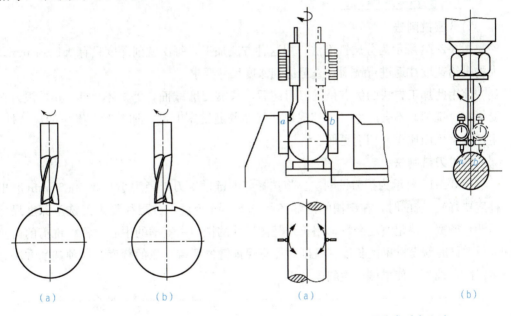

▲图 3-2-10 对中心的判断

(a)对称(通过中心);(b)不对称(没通过中心)

▲图 3-2-11 百分表对中心法

4) 用游标卡尺测量对中心

操作方法如下:

①根据加工要求,选择合适的工件装夹方法。

②用钻夹头夹持与键槽铣刀直径相同的圆棒,并调整工件与圆棒的位置,如图 3-2-12(a)所示。

③用游标卡尺测量圆棒与两钳口间的距离,若两钳口间的距离相等,即 $a=a'$,说明中心已对好,如图 3-2-12(b)所示。

④锁紧横向工作台,换装铣刀,进行试铣削。

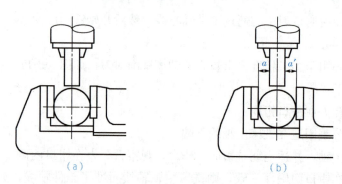

▲图 3-2-12　百分表对中心法

（a）装夹圆棒并调整圆棒与工件的位置；（b）用游标卡尺测量对中

⑤再次测量，无误后，进行铣削。

5. 键槽的铣削

1）分层铣削法

图 3-2-13 所示为分层铣削法。用这种方法加工，每次铣削深度只有 0.5～1 mm，以较大的进给速度往返进行铣削，直至达到深度尺寸要求。

使用此加工方法的优点是铣刀用钝后，只需刃磨端面，磨短不到 1 mm，铣刀直径不受影响；铣削时不会产生"让刀"现象；但在普通铣床上进行加工时，操作的灵活性不好，生产效率反而比正常切削更低。

2）扩刀铣削法

图 3-2-14 所示为扩刀铣削法。将选择好的键槽铣刀外径磨小 0.3～0.5 mm（磨出的圆柱度要好）。铣削时，在键槽的两端各留 0.5 mm 余量，分层往复走刀铣至深度尺寸，然后测量槽宽，确定宽度余量，用符合键槽尺寸的铣刀由键槽的中心对称扩铣槽的两侧至尺寸，并同时铣至键槽的长度。铣削时注意保证键槽两端圆弧的圆度。这种铣削方法容易产生"让刀"现象，使槽侧产生斜度。

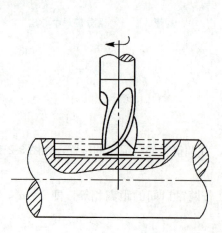

▲图 3-2-13　分层铣削法

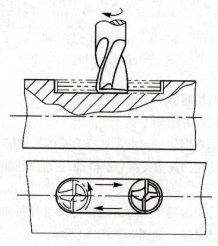

▲图 3-2-14　扩刀铣削法

一、铣削实例

1. 轴上通槽的铣削

以图 3-2-15 所示，铣削轴上通槽的操作步骤如下：

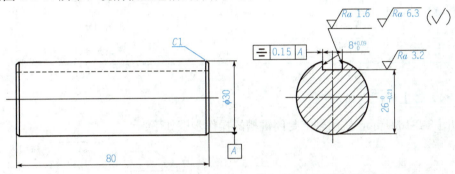

▲图 3-2-15　轴上通槽铣削实例

（1）分析零件图，了解轴槽尺寸及公差。

（2）对照图样，检查坯件是否合格。

（3）确定装夹方法，本零件选择台虎钳装夹。安装并校正虎钳固定钳口与纵向工作台进给方向平行。

（4）选择并安装铣刀。对于直通槽的铣削，可采用在卧式铣床上用盘形铣刀铣削，也可在立式铣床用立铣刀铣削。本零件以选用立铣床铣削为例，因槽宽 $8^{+0.09}_{\ 0}$ mm，故选择直径 8 mm 的直柄立铣刀，并用弹簧夹头装夹在铣床上。

（5）将工件装夹在虎钳上，工件下加平行垫铁（垫铁宽度应略小于工件直径），使工件表面略高于钳口上表面 5 mm 左右。夹紧后用铜棒轻击工件表面，使之与垫铁贴紧。

（6）对刀。通常采用切痕对刀法。开动机床，摇动机床各方向手柄，使铣刀底刃轻擦工件表面最高点后，往复移动横向工作台，使工件表面切出略大于铣刀宽度的椭圆形刀痕，目测使铣刀处于切痕中间，垂向再微量升高，使之切出浅痕，停机查看浅痕与两边距离是否相等，若有偏差，则再调整横向工作台，然后紧固横向工作台。

（7）调整铣削深度。根据垂向刻度记号，调整铣削层深度 30－26＝4(mm)。

（8）铣削。摇动纵向工作台使工件接近铣刀，待铣刀少量切入后，改为机动进给，铣出键槽。

（9）检测工件：按表 3-2-1 所示评分标准进行检测。

▼ 表 3-2-1 评分标准

序号	技术要求	配分	评分标准	得分
1	8 mm	20	超差 0.01 mm 扣 1 分	
2	26 mm	20	超差 0.01 mm 扣 1 分	
3	对称度	15	超差 0.01 mm 扣 1 分	
4	$Ra1.6\ \mu m$（两处）	20	降一级不得分	
5	$Ra3.2\ \mu m$	10	降一级不得分	
6	$Ra6.3\ \mu m$	5	降一级不得分	
7	规范操作	5	酌情扣分	
8	时间 30 min	5	酌情扣分	

2. 轴上封闭键槽的铣削

如图 3-2-16 所示，铣削轴上封闭键槽的操作步骤如下：

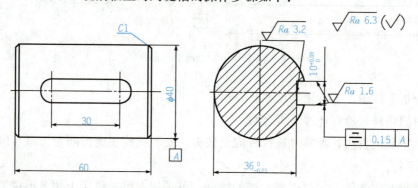

▲ 图 3-2-16 轴上封闭键槽铣削

（1）分析零件图，了解轴槽尺寸及公差。

（2）对照图样，检查坯件是否合格。

（3）安装并校正虎钳钳口与纵向工作台平行。

（4）选择并安装铣刀，该零件槽宽 $10^{+0.09}_{\ 0}$ mm，故选择 10 mm 直径的铣刀。

①检查铣刀。刀齿要锋利，刃口无缺口损伤及退火现象。

②安装铣刀。注意擦净各锥体。

③校正铣刀。用百分表校正铣刀的径向圆跳动是否在要求范围内，如偏差太大则松开铣刀重新装夹直至合格。

④选择铣削用量。主轴转速取 345 r/min，进给速度 23.5 mm/min。

（5）装夹工件。将工件装夹在虎钳中，工件下垫适当高度的平行垫铁（垫铁宽度应略小于工件直径），使工件表面略高于钳口 5 mm 左右。夹紧后用铜棒轻击工件，使之与垫铁贴合。

(6)对刀。一般采用切痕对刀法。如果对称度要求很高还可以采用百分表对刀。

(7)调整铣削位置。键槽长度可在装夹前划线，划出键槽的位置线，根据划线在起铣处及槽长处对刀并在纵向刻度盘上做好记号。

(8)铣削。

①调整铣削层深度。将工件调整至起铣位置，锁紧纵向工作台，开动机床，使铣刀底刃擦到工件表面。缓慢上升垂向工作台至铣削深度。

②铣削键槽长度。松开纵向工作台紧固螺钉，用机动进给，铣到快至长度线时，停止机动进给，手摇至尺寸线。停机，在铣床上对键槽的宽度、长度、深度初测一次，如果小于图样尺寸时，可根据实情进行修正。

(9)检测：按表 3-2-2 所示评分标准进行检测。

▼表 3-2-2　评分标准

序号	技术要求	配分	评分标准	得分
1	10 mm	20	超差 0.01 mm 扣 1 分	
2	36 mm	20	超差 0.01 mm 扣 1 分	
3	30 mm	5	超差 0.5 mm 不得分	
4	对称度	10	超差 0.01 mm 扣 1 分	
5	$Ra1.6\ \mu m$（两处）	20	降一级扣 5 分	
6	$Ra3.2\ \mu m$	10	降一级扣 5 分	
7	$Ra6.3\ \mu m$	5	降一级不得分	
8	规范操作	5	酌情扣分	
9	时间 30 min	5	酌情扣分	
总分				

二、轴上键槽的检测和铣削质量分析

1. 轴上键槽的检测方法

1)键槽宽度检测

根据键槽的具体精度要求，可选用游标卡尺、内径百分尺、内径千分尺和塞规测量键槽宽度。键槽的宽度尺寸一般要求较高，如图 3-2-17 所示。

2)键槽深度检测

轴上键槽深度的精度要求一般都不高，检测可用各类外径千分尺、游标卡尺、深度尺进行测量，如图 3-2-18 所示，图 3-2-18(c)所示为数显深度尺测量槽深。有时也用键槽专用深度规(键槽深度游标卡尺)检测，如图 3-2-19 所示。

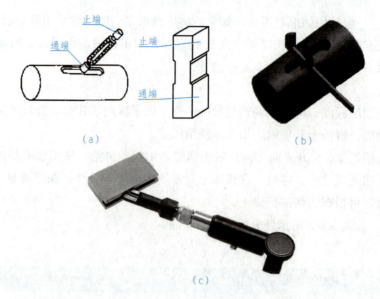

▲图 3-2-17　槽宽的检测

(a)用塞规或塞块检测槽宽；(b)用游标卡尺检测槽宽；(c)键槽宽度专用测量规

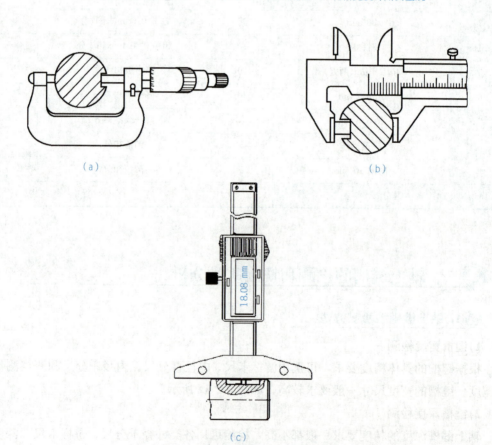

▲图 3-2-18　轴上键槽的深度检测

(a)千分尺测量槽深；(b)块规配合游标卡尺测量槽深；(c)数显深度尺测量槽深

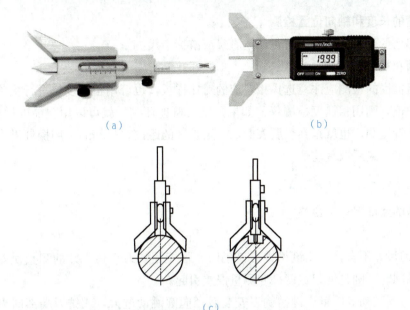

▲图 3-2-19　键槽深度规

(a)键槽深度规(键槽深度游标卡尺)；(b)键槽数显深度规；(c)键槽深度规测量槽深

对于孔上键槽深度的检测常用游标卡尺来完成，如图 3-2-20 所示。

▲图 3-2-20　孔上键槽深度检测

3)键槽中心平面与轴心线的对称度检测

如图 3-2-21 所示，将工件置入 V 形铁内，选择一块与键槽宽度尺寸紧密配合的塞块塞入槽内，并使塞块的平面大致处于水平位置，用百分表检测塞块 A 面与平板(钳工高精度检验和划线专用工具)平面平行并读数，然后将工件转 180°，用百分表检测塞块 B 面与平板平面平行并读数，两次读数差值的 1/2，就是键槽对称度误差。

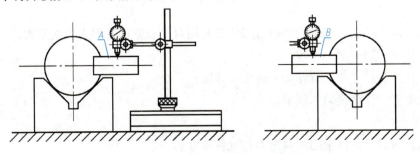

▲图 3-2-21　轴上键槽对称度检测

4）键槽的长度和轴向位置检测

测量键槽的长度和轴向位置可用钢直尺或游标卡尺测量。

5）表面粗糙度的检测

表面粗糙度的检测应注意选择相对应的对比样板，也可用粗糙度仪进行检验。如果知道具体的数值，则用粗糙度检测仪；如果只是大概地评判，就可以用粗糙度样板来对比；也可以用探针检测，也就是在金属表面取一定长度的距离（10 mm），用探针沿直线测其表面的凹凸深度，最后取平均值。

2. 质量分析与解决措施

1）键槽的宽度尺寸不合格

原因主要有：

（1）铣刀尺寸不合格。用键槽铣刀铣削时，可能是铣刀直径尺寸的测量误差造成；用盘形铣刀铣削时，则是铣刀宽度尺寸测量误差引起。

（2）铣刀圆跳动等因素。键槽铣刀安装后径向圆跳动过大，或铣刀端部周刃刃磨质量不高或是早期磨损等情况；用盘形铣刀铣削时，铣刀安装后端面跳动过大、将键槽铣宽，或铣刀刀尖刃磨质量不高或是早期磨损等情况，使槽宽尺寸不合格。

（3）铣削时，吃刀深度过大，进给过快，产生"让刀"，将键槽铣宽。

解决措施：

（1）选用合格的铣刀。

（2）铣刀安装后应进行径向与端面圆跳动的检查直至符合要求。

（3）选用合适的铣削用量，并注意观察铣削情况。

2）键槽深度超差

键槽深度超差一般出现在用键槽铣刀铣削封闭槽时，产生的原因主要有：

（1）铣刀夹持不够牢固，铣削时，沿螺旋线方向被拉下。

（2）垂向调整尺寸出现计算或操作失误。

解决措施：

（1）铣削前检查铣刀是否夹持牢固。

（2）操作过程中认真细心，该测量时务必认真测量，避免失误。

3）键槽对称度不符合要求

原因主要有：

（1）铣刀没对准中心。目测切痕对刀法是常用对中心方法，但人为误差大。

（2）扩铣时两边余量不一致。

（3）工件外径尺寸不一致，影响键槽对称度。

（4）铣削时工作台横向未锁紧。

解决措施：

（1）认真对刀，最好采用测量对刀和试铣削方法。

（2）注意扩铣情况。

(3)铣削前应检查工件外径尺寸,最好同一批次一起加工,并在铣削中及时进行检测。

(4)铣削加工前锁紧工作台。

4)键槽两侧面与工件轴心线不平行(图3-2-22)

原因主要有:

(1)工件外径尺寸两端不一致,一端大,一端小。

(2)用V形铁或平口装夹工件时,V形铁或平口钳没有校正好。

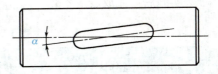

▲图 3-2-22　键槽两侧面与工件轴线不平行

解决措施:

(1)铣削前认真检测工件外径,及时处理。

(2)用V形铁装夹工件时应选用标准的量棒放入V形槽内,用百分表校正其上素线与工作台面的平行度、其侧素线与工作台纵向进给方向的平行度;平口钳应校正好固定钳口与工作台的平行度。

5)键槽槽底与工件轴线不平行(图3-2-23)

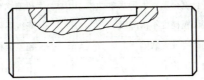

▲图 3-2-23　键槽槽底与工件轴心线不平行

原因主要有:

(1)工件上母线未找水平。

(2)选用垫铁不平行或选用的两块V形铁不等高。

解决措施:

(1)认真装夹并找正工件。精度要求较高时应用百分表找正。

(2)选用两块等高V形铁,并用百分表校正。

三、铣削注意事项

(1)用钻夹头或弹簧夹头装夹铣刀时,应检查铣刀的圆跳动是否合格。

(2)铣刀装夹时应牢固可靠。

(3)用平口钳或V形铁装夹工件时应仔细检查V形铁或平口钳,以保证键槽两侧面与工件轴心线平行。

(4)键槽铣削前应仔细对刀,以保证铣刀通过工件轴心线。

(5)键槽铣刀刚性差,铣削时应合理选用铣削用量并分层进行铣削。

项目三 沟槽的铣削

🔧 任务评价

任务实施后，完成表 3-2-3。

▼表 3-2-3　轴上沟槽评分表

工件名称	轴上沟槽	代号		检测编号		总得分		
项目与配分		序号	技术要求		配分	评分标准	检测记录	得分
工件加工评分	沟槽长度	1	符合图中长度公差要求		10	超差 0.01 mm 扣 2 分		
	沟槽宽度	2	符合图中宽度公差要求		10	超差 0.01 mm 扣 2 分		
	沟槽深度	3	符合图中深度公差要求		10	超差 0.01 mm 扣 2 分		
	对称度	4	要求对称于轴线，公差不大于 0.1		10	超差 0.01 mm 扣 2 分		
	平面度	5	平面度公差不大于 0.1		10	超差 0.01 mm 扣 2 分		
	平行度	6	平行度公差不大于 0.1		10	超差 0.01 mm 扣 2 分		
	表面粗糙度	7	表面粗糙度不得降级		10	降级不得分		
	完成情况	8	按时完成无缺陷		5	超差全扣		
工艺过程		9	加工工艺卡		8	不合理每处扣 2 分		
机床操作		10	机床操作规范		5	出错一次扣 2 分		
			工件、刀具装夹		5	出错一次扣 2 分		
安全文明生产		11	安全操作 机床整理		7	安全事故停止操作或酌情扣分		

✏️ 练习与提高

一、判断题

1. 用盘形铣刀在轴类工件表面切痕对刀，其切痕是椭圆形的。（　　）
2. 用内径千分尺测量槽宽时，应以一个量爪为支点，另一个量爪做少量转动，找出最小读数。（　　）
3. 铣削一批直径偏差较大的轴类零件上的键槽，宜选用机床用平口钳装夹工件。（　　）
4. 键槽铣刀用钝后，通常应修磨端面刃。（　　）
5. 若轴上半封闭槽配装一端带圆弧的平键，该槽应选用三面刃铣刀铣削。（　　）
6. 用百分表调整对刀时，百分表测头应与工件的素线相接触，然后再进行找正。（　　）
7. 为了铣削出精度较高的键槽，键槽铣刀安装后须找正两切削刃与铣床主轴的对称度。（　　）

8. 采用V形架装夹不同直径的轴类零件，可保证工件的中心位置始终不变。（　　）
9. 在通用铣床上铣削键槽，大多采用分层铣削的方法。（　　）

二、选择题

1. 键槽铣刀用钝后，为了保持其外径尺寸不变，应修磨铣刀的_____。
   A. 侧刃　　　　　B. 端刃　　　　　C. 周刃和端刃　　　D. 周刃
2. 用键槽铣刀在轴类零件上用切痕法对刀，切痕的形状是_____。
   A. 椭圆形　　　　B. 圆形　　　　　C. 矩形　　　　　　D. 梯形
3. 在轴类零件上铣削键槽，为了保证键槽的中心位置不随工件直径变化而改变，不宜采用_____装夹工件。
   A. V形架　　　　　　　　　　　B. 轴用虎钳
   C. 机床用平口钳　　　　　　　　D. 专用夹具
4. 若铣出的键槽槽底面与工件轴线不平行，可能的原因是_____。
   A. 工件上素线与工作台面不平行　　B. 工件素线与进给方向不平行
   C. 工件铣削时轴向位移　　　　　　D. 以上都有可能
5. 在批量生产中，检验键槽宽度是否合格，通常应选用_____检验。
   A. 塞规　　　　　B. 游标卡尺　　　C. 内径千分尺　　　D. 齿厚游标尺

三、简答题

1. 铣削键槽时，常用哪几种对刀方法？
2. 铣削键槽时，宽度和对称度超差的原因是什么？

四、操作题

1. 请按图3-2-24所示图纸要求加工零件中的键槽。

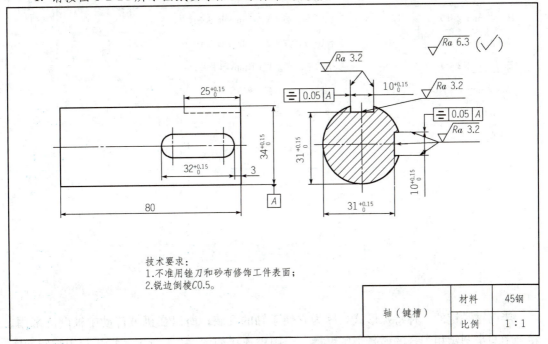

▲图3-2-24　轴上键槽铣削零件图

项目三 沟槽的铣削

工、量、刀具及毛坯准备清单见表 3-2-4。

▼表 3-2-4 工、量、刀具及毛坯准备清单

序号	名称	规格	精度	数量	序号	名称	规格	精度	数量
1	游标卡尺	0～150 mm	0.02 mm	1	10	铣夹头			1套
2	高度游标尺	0～300 mm	0.02 mm	1	11	钢直尺	150 mm		1把
3	内测千分尺	5～30 mm	0.01 mm	1	12	划针、划线规			各1
4	百分表及磁性表座	0～10 mm	0.01 mm	各1	13	样冲、榔头			各1
5	立铣刀及拉杆	ϕ10 mm		各1	14	木榔头、活扳手			各1
6	万能分度头	0°～360°		1	15	锉刀			1把
7	矩形角尺	100 mm×63 mm		1	16	垫铁			若干
8	铜棒			1	17	扳手			1套
9	毛刷			1	18				
毛坯尺寸		ϕ34 mm×80 mm			材料		45钢		

轴上键槽铣削评分表见表 3-2-5。

▼表 3-2-5 轴上键槽铣削评分表

项目	配分	评分标准	检测结果	得分	备注
$32^{+0.15}_{\ 0}$ mm	13	超差 0.01 mm 扣 1 分			
$25^{+0.15}_{\ 0}$ mm	12	超差 0.01 mm 扣 1 分			
$31^{+0.15}_{\ 0}$ mm(2 处)	20	每处 10 分，超差 0.05 mm 扣 5 分			
$10^{+0.15}_{\ 0}$ mm(2 处)	20	每处 10 分，超差 0.05 mm 扣 5 分			
⌷ 0.05 A (2 处)	10	每处 5 分，超差 0.01 mm 扣 3 分			
$Ra3.2\ \mu m$(6 处)	18	每处 2 分，降一级不得分			
$Ra6.3\ \mu m$	2	降一级不得分			
机床保养，工量具合理使用与保养	5	酌情扣分			

任务 3　半圆键槽的铣削

半圆键是键的一种特殊形式，因为它便于轴的安装，所以在机械传动中被广泛采用。在轴上与半圆键相配合的槽是半圆键槽。半圆键连接如图 3-3-1 所示，它是利用键侧面实现周向固定和传递转矩的一种键连接。

任务3　半圆键槽的铣削

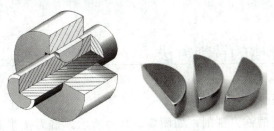

▲图 3-3-1　半圆键连接

任务目标

1. 掌握半圆键槽的铣削方法，会正确选用铣削半圆键槽的刀具。
2. 掌握半圆键槽的检测方法。
3. 半圆键槽的铣削实例。
4. 会分析半圆键槽铣削的质量问题。

任务资讯

一、半圆键的使用特点

(1) 结构简单，制造方便。
(2) 装拆维修方便。
(3) 只能传递较小的转矩。

二、半圆键的技术要求

(1) 半圆键槽的槽宽精度为 IT9 级，键槽侧面的表面粗糙度 Ra 值为 $1.6~\mu m$。
(2) 半圆键槽的两侧面平行且对称于工件轴线，如图 3-3-2 所示。

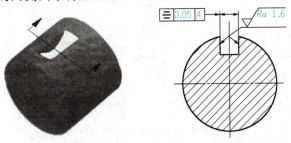

▲图 3-3-2　半圆键槽

三、半圆键槽的铣削方法

1. 铣刀的选择

半圆键槽用半圆键槽铣刀铣削，如图 3-3-3(a)所示。铣刀按半圆键槽的基本尺寸(宽度×直径)选取，如图 3-3-3(b)所示。轴上的半圆键槽，在轴的纵向截面内为圆弧形，如图 3-3-3(c)所示。轴上的半圆键槽用专门的半圆键槽铣刀铣削。铣刀的直径应与半圆键槽的圆弧直径相同，如图 3-3-4 所示。

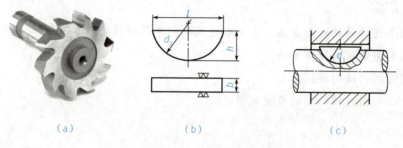

▲图 3-3-3　半圆键槽铣削

(a)半圆键槽铣刀；(b)半圆键槽基本尺寸；(c)半圆键槽在轴上纵向投影

▲图 3-3-4　轴上半圆键槽铣削

2. 工件的装夹

在轴类工件上铣削半圆键槽，一般在分度头上用三爪自定心卡盘装夹，如图 3-3-5(a)所示；较长的工件则采用一夹一顶方式装夹，如图 3-3-5(b)所示。

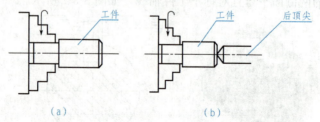

▲图 3-3-5　工件的装夹

(a)三爪卡盘装夹工件；(b)一夹一顶夹工件

3. 半圆键槽的铣削

1) 在立式铣床上铣削

(1) 铣削前,在卡盘与顶尖上装夹工件,用百分表校正分度头主轴与尾座顶尖的轴心线和工件纵向进给方向与工作台台面的平行度,如图 3-3-6 所示。

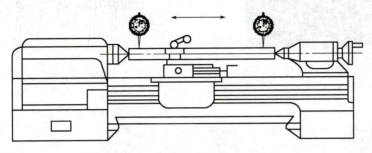

▲图 3-3-6　用百分表校正平行位置

(2) 用高度尺在工件上划出键槽中心线和槽宽线,如图 3-3-7 所示。

(3) 调整各进给手柄,使铣刀对准划线,如图 3-3-8 所示。

▲图 3-3-7　划线

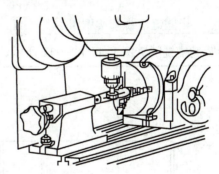

▲图 3-3-8　对刀

(4) 锁紧纵向工作台,手动横向进给切削,铣削出键槽,如图 3-3-9 所示。

2) 在卧式铣床上铣削半圆键槽

在卧式铣床上铣削半圆键槽的加工方法与在立式铣床上加工的方法相同。铣削时可在挂架轴承孔内安装顶尖,顶住铣刀端面顶尖孔,以增加铣刀的刚性,所以,在卧式铣床上加工半圆键槽比较稳定。

铣削时,将纵向工作台紧固,手动垂直进给切削,由工作台纵向和横向移动来调整半圆键槽铣刀的准确位置。铣削时,切削量逐渐加大,所以应特别注意。当到深度还有 0.5～1 mm 时,应改为缓慢进给,否则会因铣削过深而出现废品。如图 3-3-10 所示,图中所用铣刀为整体带柄铣刀,由于这种铣刀直径较小,不能采用套装式铣刀结构,因而做成带有圆柱柄的整体铣刀,以便像立铣刀一样安装在铣床主轴上。

项目三 沟槽的铣削

▲图 3-3-9 在立式铣床上铣削半圆键槽

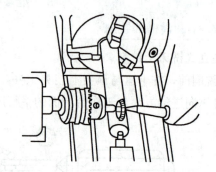
▲图 3-3-10 在卧式铣床上铣削半圆键槽

任务实施

一、铣削实例

1. 半圆键槽铣削实例 1

半圆键槽铣削实例 1 如图 3-3-11 所示，铣削半圆键槽的操作步骤如下：

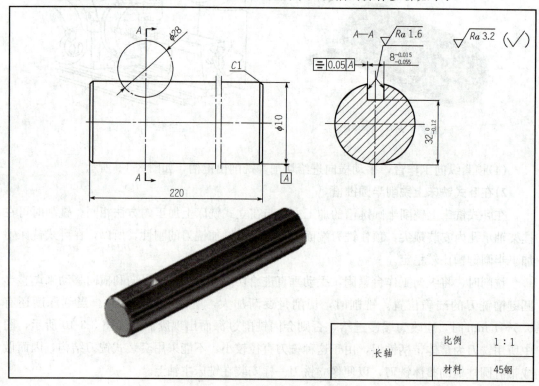
▲图 3-3-11 半圆键槽铣削实例 1

104

(1) 分析零件图，了解半圆键槽尺寸及公差。

(2) 对照图样，检查坯件是否合格。

(3) 安装并校正工件。选用立式铣床，考虑工件毛坯为 φ40 mm×220 mm，较长，故选用一夹一顶装夹工件，需安装分度头。使用标准心轴用百分表校正其上素线与工作台台面平行，校正其侧素线与工作台纵向进给方向平行。

(4) 刀具安装。根据要求选用 φ28 mm×8 mm 的半圆键槽直柄铣刀，用弹簧夹头来安装，安装时收紧螺母，使弹簧套做径向收缩而将铣刀的柱柄夹紧。

(5) 划线。按要求用高度尺在槽铣削部位划出工件水平中心线，半圆键槽宽度尺寸线。

(6) 选择铣削用量。主轴转速 $n=375$ r/m，采用手动进给。

(7) 对刀试铣。摇动各工作台手柄，使铣刀对准所划刻线，试铣削，并检查切痕是否在划好的中心位置，且检测槽宽是否符合要求。若有不符合，再根据情况进行调整，直至合格。

(8) 铣削半圆键槽。试铣检查合格后，采用手动进给切削，并逐渐减慢进给速度，铣削出半圆键槽至深度要求。

(9) 停车、退刀，检查所铣半圆键槽是否符合要求，检测合格后，取下工件，去毛刺。

2. 半圆键槽铣削实例 2

半圆键槽铣削实例 2 如图 3-3-12 所示，铣削半圆键槽的操作步骤如下：

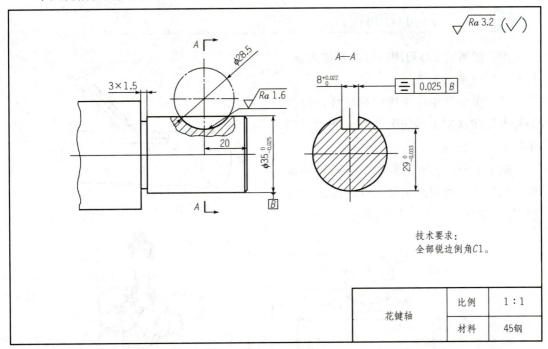

▲图 3-3-12 半圆键槽铣削实例 2

(1) 分析零件图，了解半圆键槽尺寸及公差要求。

(2) 对照图样,检查坯件是否合格。

(3) 安装并校正工件,选用立式铣床铣削。将分度头、尾座安装在铣床工作台上,根据工件长度,可选用分度头上的三爪卡盘夹持工件或用一夹一顶装夹工件。安装时认真擦拭工作台台面和分度头、尾座底面,并防止棉纱、切屑等杂物混入到两贴合面之间。

标准心轴用百分表校正其上素线与工作台台面平行,校正其侧素线与工作台纵向进给方向平行。

(4) 刀具安装。根据半圆键槽尺寸选用 $\phi 28.5$ mm×8 mm 的半圆键槽铣刀,先装弹簧夹头安装在铣床主轴中,再将半圆键槽铣刀安装在弹簧夹头中。

(5) 划线。按要求用高度尺在槽铣削部位划出工件水平中心线、半圆键槽宽度尺寸线。

(6) 选择铣削用量。主轴转速 $n=375$ r/m,采用手动进给。

(7) 对刀试铣。摇动各工作台手柄,调整铣刀位置,使其对准所划刻线,试铣削并检查切痕是否在划好的中心位置,且检测槽宽是否符合要求。若有不符合,再根据情况进行调整,直至合格。

(8) 铣削半圆键槽。试铣检查合格后,采用手动进给铣削,并逐渐减慢进给速度,铣削出半圆键槽至合格尺寸。

(9) 停车、退刀,检查所铣半圆键槽是否符合要求,检测合格后,取下工件,去毛刺。

二、半圆键槽的检测

半圆键槽的宽度可用塞规或塞块测量,如图 3-3-13 所示。

槽的深度可用小于槽宽的样柱,配合游标卡尺间接测出,如图 3-3-14 所示,图中尺寸 $H=S-d$。

轴上半圆键槽的其他项目(如键槽的宽度、长度及槽两侧面相对工件轴线的对称度)的检测方法和一般键槽相同。

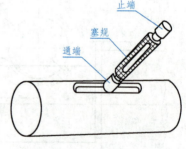

▲图 3-3-13 槽宽的检测

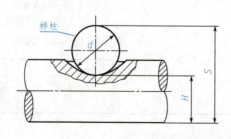

▲图 3-3-14 用千分尺配合样柱测量槽深

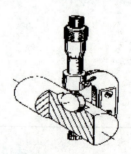

三、半圆键槽铣削的质量分析和注意事项

1. 槽两侧面相对于工件轴心线不对称

1）产生原因

(1) 划线不精确。
(2) 对刀不准确。
(3) 在立式铣床上加工时，立铣头主轴轴心线与工作台台面不垂直。
(4) 分度头主轴轴心线与工作台台面不平行。
(5) 在卧铣上铣削时，工作台零位不准。

2）解决措施

(1) 正确调整高度尺刻线值，认真划线。
(2) 认真对刀并采用试件进行试铣，以确保对刀准确。
(3) 校正立铣头。
(4) 检查分度头主轴轴心线与工作台台面是否平行。
(5) 校正工作台零位，随时注意铣削的情况。

2. 槽宽尺寸超差

1）产生原因

(1) 铣刀尺寸不合格。
(2) 铣刀摆动过大。

2）解决措施

(1) 根据半圆键槽的宽度和直径选取合适的铣刀。
(2) 安装铣刀后检测铣刀圆跳动。

3. 注意事项

(1) 铣削时，多采用手动进给。
(2) 进给速度不能过快，以防铣刀折断或损坏刀齿。
(3) 用三爪卡盘装夹工件时，要防止工件在铣削中产生窜动而使铣刀折断。
(4) 分度头主轴紧固手柄应锁紧。
(5) 铣削时不使用的进给机构要锁紧。

任务评价

任务实施后，完成半圆键槽评分表 3-3-1。

项目三 沟槽的铣削

▼表 3-3-1　半圆键槽评分表

工件名称	半圆键槽	代号		检测编号		总得分		
项目与配分		序号	技术要求		配分	评分标准	检测记录	得分
工件加工评分	键槽长度	1	符合图中长度公差要求		10	超差 0.01 mm 扣 2 分		
	键槽宽度	2	符合图中宽度公差要求		10	超差 0.01 mm 扣 2 分		
	键槽深度	3	符合图中深度公差要求		10	超差 0.1 mm 扣 2 分		
	对称度	4	要求对称于轴线公差不大于 0.1		10	超差 0.01 mm 扣 2 分		
	平面度	5	平面度公差不大于 0.1		10	超差 0.01 mm 扣 2 分		
	平行度	6	平行度公差不大于 0.1		10	超差 0.01 mm 扣 2 分		
	表面粗糙度	7	表面粗糙度不得降级		10	降级不得分		
	完成情况	8	按时完成无缺陷		5	超差全扣		
工艺过程		9	加工工艺卡		8	不合理每处扣 2 分		
机床操作		10	机床操作规范		5	出错一次扣 2 分		
			工件、刀具装夹		5	出错一次扣 2 分		
安全文明生产		11	安全操作 机床整理		7	安全事故停止操作或酌情扣分		

练习与提高

一、判断题

1. 半圆键槽通常用立铣刀加工完成。　　　　　　　　　　　　　　　　　　　　(　　)
2. 半圆键槽铣刀的端面中心孔，在铣削时可用顶尖顶住，以增加铣刀的刚度。(　　)
3. 分度头主轴是空心轴，两端均有莫氏锥度的内锥孔。　　　　　　　　　　　(　　)

二、选择题

1. 半圆键铣刀端面带有中心孔，可在卧式铣床支架上安装顶尖顶住铣刀中心孔，以增加铣刀的_____。
   A. 强度　　　　B. 刚度　　　　C. 硬度　　　　D. 韧性

2. 半圆键槽铣削时，多用_____进给。
   A. 机动　　　　B. 手动　　　　C. 横向　　　　D. 纵向

3. 半圆键槽铣刀的直径_____半圆键的直径。
   A. 略大于　　　　　　　　　　　B. 等于
   C. 略小于　　　　　　　　　　　D. 大于或小于都可以

4. 铣削半圆键槽时,进给速度应该_____些。

　　A. 快　　　　　　B. 慢　　　　　　C. 快慢都可以　　　D. 由加工情况决定

三、简答题

1. 如何在卧式铣床上铣削半圆键槽?
2. 半圆键槽铣削时容易出现哪些质量问题?

四、操作题

1. 认真分析如图 3-3-15 所示零件图,加工图中零件的半圆槽及半封闭直槽。

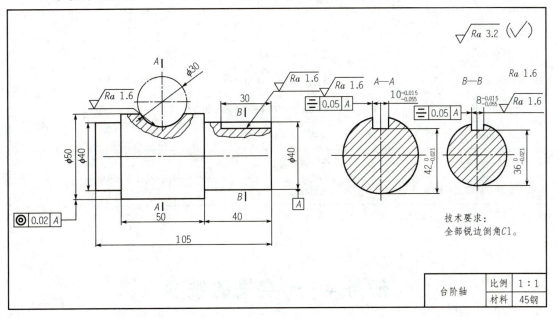

▲图 3-3-15　半圆键槽铣削练习

工、量、刀具及毛坯准备清单见表 3-3-2。

▼表 3-3-2　工、量、刀具及毛坯准备清单

序号	名称	规格	精度	数量	序号	名称	规格	精度	数量
1	游标卡尺	0～150 mm	0.02 mm	1	8	钢直尺	150 mm		1 把
2	高度游标尺	0～300 mm	0.02 mm	1	9	划针、划线规			各 1
3	立铣刀及拉杆	ϕ10 mm		各 1	10	样冲、榔头			各 1
4	万能分度头	0°～360°		1	11	木榔头、活扳手			各 1
5	铜棒			1	12	锉刀			1 把
6	毛刷			1	13	垫铁			若干
7	铣夹头			1 套	14	扳手			1 套
毛坯尺寸		ϕ50 mm×105 mm			材料		45 钢		

项目三 沟槽的铣削

半圆键槽铣削评分表见表3-3-3。

▼表3-3-3 半圆键槽铣削评分表

项　目	配分	评分标准	检测结果	得分	备注
$42_{-0.021}^{0}$ mm	12	超差0.01 mm扣1分			
$36_{-0.021}^{0}$ mm	12	超差0.01 mm扣1分			
30 mm	5	超差0.30 mm不得分			
$10_{-0.055}^{-0.015}$ mm	15	超差0.01 mm扣2分			
$8_{-0.055}^{-0.015}$ mm	15	超差0.01 mm扣2分			
半圆槽 ϕ30 mm	5	超差0.30 mm不得分			
⫤ 0.05 A (2处)	16	每处8分，超差0.01 mm扣2分			
$Ra1.6\ \mu m$(6处)	12	每处2分，降一级不得分			
$Ra3.2\ \mu m$	3	降一级不得分			
工量具合理使用与保养	5	酌情扣分			

任务4　十字槽的铣削

十字槽指的是两条互相垂直的直角沟槽。其加工方法与直角沟槽相同，主要用于连接与传递扭矩，材料通常选用45钢调质处理，当刚度要求较高时，采用45钢锻件。

十字槽零件常见于十字槽联轴器，用来连接不同机构中的两根轴（主动轴和从动轴）使之共同旋转以传递扭矩。

🔍 任务目标

1. 会正确选用铣十字槽的刀具。
2. 掌握十字槽的检测方法。
3. 能分析十字槽铣削的质量问题。

🔧 任务资讯

十字槽由两条相互垂直的直角沟槽组成，铣削用立铣刀或键槽铣刀完成。普通铣床铣削十字槽时，通常先铣完一个槽，再铣另外一个槽。

任务4　十字槽的铣削

一、常用铣削十字槽的刀具

图 3-4-1 所示为常用铣削十字槽的刀具。

▲图 3-4-1　常用铣削十字槽的刀具

(a)立铣刀；(b)键槽铣刀

二、工件的装夹

十字槽零件多为方形零件，采用平口钳装夹工件，平口钳的固定钳口是装夹工件时的定位元件，通常采用找正固定钳口的位置使平口钳在机床上定位，即以固定钳口为基准确定虎钳在工作台上的安装位置。多数情况下要求固定钳口无论是纵向使用或横向使用，都必须与机床导轨运动方向平行，同时还要求固定钳口的工作面要与工作台面垂直。

找正方法：将磁性表座固定在铣床的主轴或床身某一适当位置，安装百分表，使表的测量杆与固定钳口平面垂直，如图 3-4-2 所示，测量触头触到钳口平面，测量杆压缩 0.3~0.5 mm，纵向移动工作台，观察百分表读数，在固定钳口全长内一致，则固定钳口与工作台进给方向平行；用相同的方法，若沿

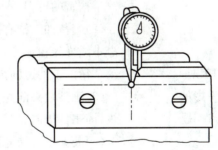

▲图 3-4-2　用指示表找正平口钳至正确位置

垂直方向移动工作台，则可测出固定钳口与工作台台面的垂直度。根据表 3-4-1 中的回转式平口钳技术参数，调整平口钳至正确位置。

▼表 3-4-1　回转式平口钳技术参数

项　目	允许偏差	项　目	允许偏差
钳身导轨上平面对底平面的平行度	0.02/100	导轨上平面对底座平面的平行度	0.025/100
固定钳口面、活动钳口面对导轨上平面的垂直度	0.05/100	固定钳口面对底座定位键槽的平行度	0.15/100
活动钳口与固定钳口宽度方向的平行度	0.03/100	检验块上平面对钳身底平面的平行度	0.06/100
固定钳口面对钳身定位键槽的垂直度	0.03/100	检验块上平面对底座平面的平行度	0.08/100

工件装夹时需在工件与平口钳的导轨面间垫以适当厚度的平行垫铁，稍夹紧后可用铝锤或铜锤轻击工件上面，如图 3-4-3 所示。

▲图 3-4-3　工件的装夹

三、工件的加工

十字槽的加工只是在加工直角槽的基础上，注意保证两条相互垂直槽的垂直度要求，加工时靠横向和纵向移动工作台加工完成，必须在两条槽全部加工结束后，方可取下工件。

加工时需考虑的几点问题

（1）若槽宽小于等于铣刀直径，且无公差要求，可选用直径等于槽宽的铣刀，一次性铣削完成。

（2）当待加工槽有公差要求时，选用直径略小于槽宽的铣刀沿中线处先粗加工，两边留余量，之后用百分表控制工作台移动，精加工两边的余量。

（3）工件装夹前先划线，按图纸要求划出十字槽的两条中心线（即工件横向、纵向中心线）及槽宽线。

（4）装夹工件前先用百分表分别校正固定钳口与纵向、横向走刀方向平行、垂直，然后装夹工件并找正，加工互相垂直的十字槽，待两条槽加工完后取下工件。

（5）准备加工时，务必对好中心，以防加工出的槽偏向一边。

任务实施

一、铣削实例

例 1　图 3-4-4 所示为十字槽底板，设外轮廓已加工完成，请试选用合适的刀具，完成该零件十字槽的加工。

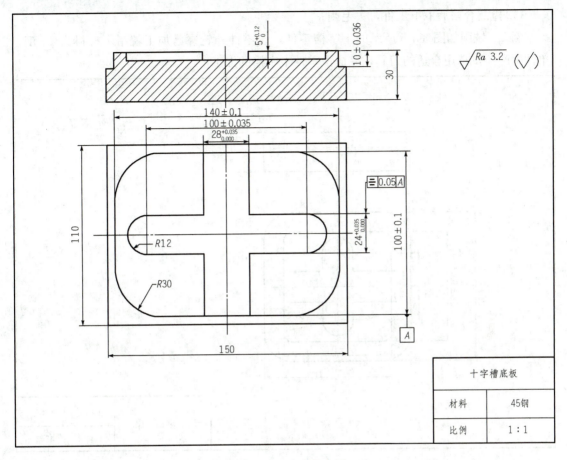

▲图 3-4-4 十字槽底板

(1)分析零件图样、制定加工方案。该零件上的十字槽中一个为封闭槽,一个为直通槽,都有公差要求。加工十字槽的刀具选用立铣刀,采用先粗铣、再精铣加工完成。

(2)对照图样,检查坯件是否合格。

(3)划线。按要求用高度尺在槽铣削部位划出工件水平、垂直两个方向的中心线,以及两个槽的宽度尺寸线。

(4)安装并校正工件,选用立式铣床铣削。该零件为单件生产且零件外形为长方体,可选用平口钳装夹工件,工件高出钳口 13 mm 左右,用百分表校正平口钳固定钳口与纵向走刀方向平行。

(5)刀具安装。组成该十字槽的两个直槽宽的基本尺寸分别为 24 mm、28 mm,选用 ϕ20 mm 立铣刀,先装弹簧夹头安装在铣床主轴中,再将 ϕ20 mm 立铣刀安装在弹簧夹头中。

(6)对刀试铣。摇动各工作台手柄,调整铣刀位置,使其对准所划刻线,试铣削,并检查切痕是否在划好的中心位置,且检测槽宽是否符合要求。若有不符合,再根据情况进行调整,直至合格。

(7)检测合格后取下工件,去毛刺。

例 2 铣削如图 3-4-5 所示的十字槽零件,设零件外轮廓已加工就绪。材料为 45 钢,单件生产。试选用合适的刀具,完成该零件十字槽的加工。

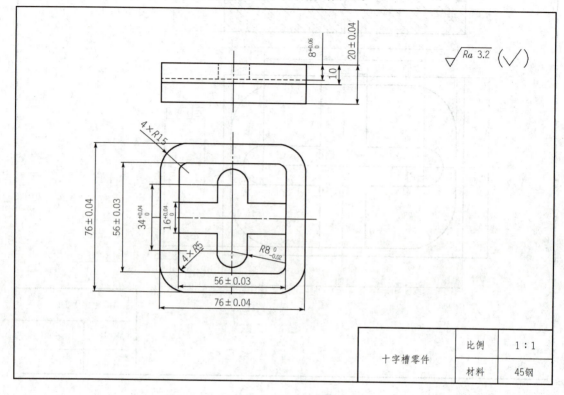

▲图 3-4-5 十字槽零件

(1)分析零件图样、制定加工方案。该零件与图 3-4-4 所示十字槽底板零件相似,两个槽都有公差要求。不同之处:

①轮廓形状不同;

②上例中两道槽宽不相等,而此例中的两道槽尺寸相同;

③槽的长度尺寸不等。

十字槽的加工是在加工完上下表面的基础上最后完成的,加工十字槽的刀具选用立铣刀,因槽有公差要求,故采用粗铣、精铣加工完成。

(2)对照图样,检查坯件是否合格。

(3)划线。按要求用高度尺在槽铣削部位划出工件水平、垂直两个方向的中心线,以及两个槽的宽度尺寸线。

(4)安装并校正工件,选用立式铣床铣削。该零件为单件生产,且零件外形为长方体,可选用平口钳装夹工件,工件高出钳口 13 mm 左右,用百分表校正平口钳固定钳口与纵向走刀方向平行。

(5)刀具安装。组成该十字槽的两个直槽宽的基本尺寸都为 16 mm,选用 ϕ12 mm 立铣刀，先将弹簧夹头安装在铣床主轴中，再将 φ12 mm 立铣刀安装在弹簧夹头中。

(6)对刀试铣。摇动各工作台手柄，调整铣刀位置，使其对准所划刻线，试铣削并检查切痕是否在划好的中心位置，且检测槽宽是否符合要求。若有不符合，再根据情况进行调整，直至合格。

(7)停车、退刀，检查所铣十字槽是否符合要求，检测合格后，取下工件，去毛刺。

例 3 铣削如图 3-4-6 所示的十字槽板件，毛坯为 80 mm×80 mm×20 mm 长方块，材料为硬铝，单件生产。试对零件进行铣削加工工艺分析，并完成该零件的加工。

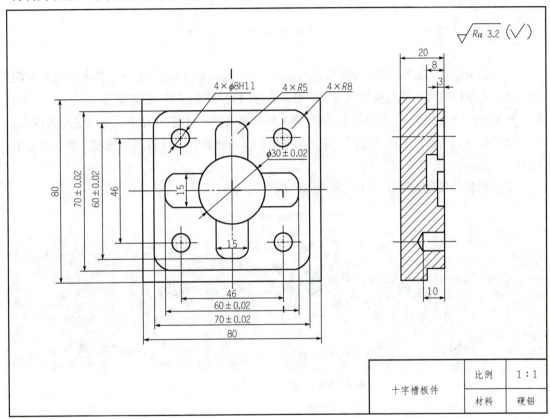

▲图 3-4-6 十字槽板件

1. 工艺分析

(1)零件图工艺分析。该零件主要由平面、内槽、孔及外轮廓组成，表面粗糙度要求 $Ra3.2\ \mu m$，可采用铣粗—精铣方案。

(2)确定装夹方案。根据零件的特点，加工上表面、内槽及孔时选用平口钳夹紧。

(3)确定加工顺序。按照基面先行，先面后孔，先粗后精的原则确定加工顺序加工上表面→粗加工外轮廓→粗加工内槽→精加工外轮廓及内槽→钻孔。

(4)刀具选择。十字槽板件铣削加工刀具见表 3-4-2。

项目三 沟槽的铣削

▼表 3-4-2 十字槽板件铣削加工刀具

产品名称和代号		零件名称		图号	
工序号	加工表面	刀具规格名称	刀具数量	刀具直径/mm	备注
1	铣削上表面	硬质合金面铣刀	1	$\phi75$	
2	铣削外轮廓	高速钢立铣刀	1	$\phi20$	
3	铣削圆弧槽	高速钢立铣刀	1	$\phi14$	
4	铣削十字槽	高速钢立铣刀	1	$\phi10$	
5	钻孔	高速钢钻头	1	$\phi8$	

(5)切削用量的选择。铣削外轮廓、内槽时可留 0.5 mm 的精加余量，其余一次走完粗铣。确定主轴转速时，可先查切削用量手册，高速钢铣刀加工硬铝的速度为 45～90 m/min，取 $v_c=70$ m/min，根据铣刀直径和公式计算主轴转速并填入工序卡片中。确定进给速度时，根据铣刀齿数、主轴转速和切削用量手册中给出的每齿进给量，计算进给速度并填入工序卡片中。

十字槽板件铣削加工工序卡片见表 3-4-3。

▼表 3-4-3 十字槽板件铣削加工工序卡片

单位名称		产品名称或代号		零件名称		零件图号	
		铣削加工实例					
工序号	程序编号	夹具名称		使用设备		车间	
		平口钳		加工中心		金工实训室	
工步号	工步内容	刀具名称规格/mm	主轴转速/($r \cdot min^{-1}$)	进给速度/($mm \cdot min^{-1}$)	背吃刀量/mm		备注
1	铣削上表面	$\phi75$ 硬质合金面铣刀	355	285	1		
2	粗铣外轮廓	$\phi20$ 高速钢立铣刀	400	60	2.5		
3	粗铣内圆槽	$\phi14$ 高速钢立铣刀	560	50	0.3		
4	粗铣十字槽	$\phi8$ 高速钢立铣刀	800	180	5		
5	精加工轮廓槽	$\phi8$ 高速钢立铣刀	1 200	60	0.2		
6	钻孔	$\phi8$ 高速钢钻头	1 000	50	4		
编制		审核	批准		年 月 日	共一页	第一页

2. 主要操作步骤

(1)加工准备。

用平口钳装夹工件，工件伸出钳口 10～12 mm，用百分表找正。

安装 $\phi20$ mm 粗立铣刀并对刀。

(2)加工。

粗铣外轮廓留 0.5 mm 单边余量。

粗铣圆槽选用 φ14 mm 立铣刀，粗铣圆槽留 0.5 mm 单边余量。

粗铣十字槽选用 φ10 mm 立铣刀，粗铣十字槽留 0.5 mm 单边余量。

(3)半精加工。

选用 φ10 mm 立铣刀半精加工外轮廓、内槽。

(4)精加工。

精加工外轮廓、内槽到尺寸要求。

(5)钻孔。

选用 φ8 mm 钻头进行孔加工。

例 4 铣削如图 3-4-7 所示的十字槽零件，毛坯为 65 mm×45 mm×55 mm 长方块，材料为 45 钢，单件生产。

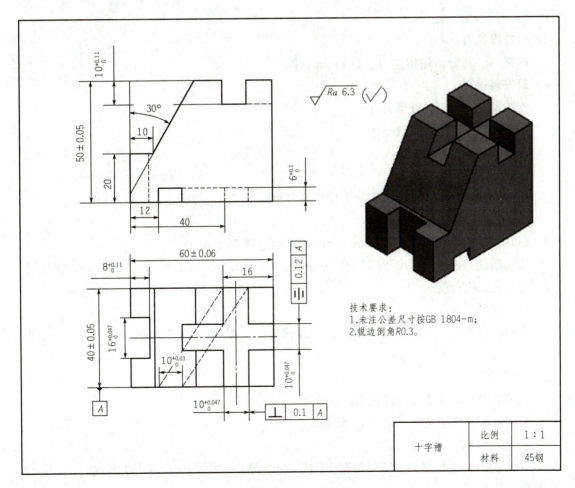

▲图 3-4-7　十字槽

1. 分析零件图样

该零件包含了平面、沟槽、斜面的加工,表面粗糙度全部为 $Ra6.3~\mu m$,长宽高外形尺寸:(60 ± 0.06) mm、(50 ± 0.05) mm、(40 ± 0.05) mm,公差皆为对称公差;十字槽尺寸:槽宽 $10_{~0}^{+0.047}$ mm,槽深 $10_{~0}^{+0.11}$ mm,尺寸的下偏差都为零,对称度公差 0.12 mm。

其他尺寸:斜面:30°,高 30 mm;台阶:高 20 mm,宽 10 mm。

沟槽:槽宽 $16_{~0}^{+0.047}$ mm,槽深 $8_{~0}^{+0.11}$ mm。

斜槽:槽宽 $10_{~0}^{+0.03}$ mm,槽深 $6_{~0}^{+0.10}$ mm,位置尺寸 12 mm 和 40 mm。

2. 工艺分析

外形保证尺寸、垂直、平行。

沟槽保证尺寸、位置精度。

表面粗糙度应达到要求。

3. 铣削步骤

1)选择铣刀

端铣刀、$\phi 8$ mm 键槽铣刀、$\phi 30$ mm 立铣刀。

2)安装铣刀

安装端铣刀铣工件外形。

安装 $\phi 30$ mm 立铣刀铣斜面。

安装 $\phi 8$ mm 键槽铣刀。

3)安装校正工件

工件安装在平口钳上,用百分表校正平口钳固定钳口与纵向走刀方向平行。

4)铣削加工

(1)铣削外形(切削用量 $n=600$ r/min,进给速度 75 mm/min)。

安装端铣刀铣削外形尺寸 (60 ± 0.06) mm、(50 ± 0.05) mm、(40 ± 0.05) mm,保证尺寸、垂直度、平行度。

(2)铣台阶。

选用平口钳装夹工件,安装 $\phi 8$ mm 键槽铣刀,铣宽度为 10 mm、高度 20 mm 的台阶。

(3)铣斜面。

安装 $\phi 30$ mm 立铣刀,调转立铣刀角度 $\alpha=30°$。

对刀,调整铣削宽度,铣出 30°斜面。

(4)铣十字槽。

安装 $\phi 8$ mm 键槽铣刀,铣削槽宽 $10_{~0}^{+0.047}$ mm,槽深 $10_{~0}^{+0.11}$ mm,对称度公差 0.12 mm。保证位置精度 16 mm。

(5)铣直角沟槽。

①在工件上划出各槽尺寸线、位置线,工件翻转 90°装夹。

②安装 $\phi 8$ mm 立铣刀，铣槽宽 $16_{\ 0}^{+0.047}$ mm、槽深 $8_{\ 0}^{+0.11}$ mm 的直角沟槽。
③测量，卸下工件。
(6)铣斜槽。
①划线，工件翻转 180°装夹。
②安装 $\phi 8$ mm 立铣刀，调整对刀，铣削槽宽 $10_{\ 0}^{+0.03}$ mm、槽深 $6_{\ 0}^{+0.10}$ mm 的斜直角沟槽。

二、十字槽的质量分析

十字槽加工质量问题除了与直角槽常见的质量问题一样外，还可能出现以下问题。

1. 两条槽不垂直

1)产生原因
(1)工件轮廓两对边不平行（平行度超差）。
(2)没有用百分表找正平口钳的固定钳口。
(3)平口钳钳口磨损，导致工件放入后倾斜。

2)解决措施
(1)检验工件轮廓对边的平行度及相邻边的垂直度。
(2)装夹工件前用百分表认真找正固定钳口。
(3)检验平口钳钳口的直线度及两钳口的平行度。

2. 槽的两边宽度不相等

1)产生原因
(1)划线不准确。
(2)开始铣削时铣刀没有对中心。
(3)铣削后没有用百分表控制工作台移动量。
(4)测量尺寸时不正确，按测量的数值铣削，将槽铣偏。

2)解决措施
(1)对照图纸要求认真划线，保证中心线两边相等，槽宽符合要求。
(2)开始铣削时，应认真对刀，从所划中心线处开始铣削。
(3)当槽宽有公差要求时，应用百分表控制工作台的移动量，保证铣削后尺寸符合要求。
(4)仔细测量，避免因测量而引起的失误。

3. 槽两端深度不一致

1)产生原因
(1)工件已加工的上下表面不平行。

(2)工件没有放平稳。
(3)因误操作,深度方向进刀有变动。

2)解决措施

(1)检验已加工好的零件的上下表面的平行度是否合格。
(2)装夹时将工件底面与垫铁表面擦干净,垫铁表面与平口钳导面间也要保持清洁。
(3)操作中严格按步骤来,不能有误操作。

三、铣削注意事项

(1)保持铣床精度,调整好工作台导轨的间隙,防止因间隙过大而引起加工中的振动。
(2)准确调整立铣刀的"零"位。
(3)正确选择定位基准,基准面之间要相互平行、垂直。
(4)根据工件的材料、几何轮廓确定适当的夹紧力,不可过小,也不能过大。不允许任意加长平口钳手柄。
(5)装夹前后清理切屑及油污,保持平口钳导轨面的润滑与清洁。
(6)维护好固定钳口并以其为基准,校正平口钳在工作台上的准确位置。
(7)在铣削时,应尽量使水平铣削分力的方向指向固定钳口,如图3-4-8所示。

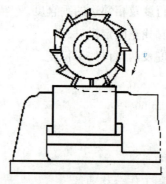

▲图 3-4-8　水平铣削分力指向

(8)应注意选择工件在平口钳上的安装位置,避免在夹紧时平口钳单边受力,必要时还要加支撑垫铁,如图3-4-9所示。

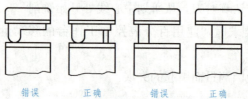

▲图 3-4-9　避免在夹紧时平口钳单边受力

任务评价

任务实施后,十字槽评分表表3-4-4。

▼表3-4-4 十字槽评分表

工件名称	十字槽	代号		检测编号		总得分		
项目与配分		序号	技术要求		配分	评分标准	检测记录	得分
工件加工评分	键槽长度	1	符合长度公差要求		10	超差0.01 mm扣2分		
	键槽宽度	2	符合图中宽度公差要求		10	超差0.01 mm扣2分		
	键槽深度	3	符合图中深度公差要求		10	超差0.01 mm扣2分		
	对称度	4	要求对称于中心,公差不得大于0.1		10	超差0.01 mm扣2分		
	平面度	5	平面度公差不大于0.1		10	超差0.01 mm扣2分		
	平行度	6	平行度公差不大于0.1		8	超差0.01 mm扣2分		
	相互垂直度	7	垂直度公差不大于0.1		7	超差0.01 mm扣2分		
	表面粗糙度	8	表面粗糙度不得降级		10	降级不得分		
	完成情况	9	按时完成无缺陷		5	超差全扣		
工艺过程		10	加工工艺卡		5	不合理每处扣2分		
机床操作		11	机床操作规范		5	出错一次扣2分		
			工件、刀具装夹		5	出错一次扣2分		
安全文明生产		12	安全操作 机床整理		5	安全事故停止操作或酌情扣分		

练习与提高

一、判断题

1. 十字槽由两条互相垂直的直角沟槽组成,每条槽的加工与直角沟槽的加工方法相同。　　　　　　　　　　　　　　　　　　　　　　　　　　(　　)
2. 矩形的十字槽零件多用平口钳装夹。　　　　　　　　　　　　　(　　)

二、选择题

1. 待铣削十字槽的工件在装夹时,必须使余量层_____钳口。

　　A. 稍低于　　　　B. 等于　　　　C. 稍高于　　　　D. 大量高出

2. 平口钳装夹工件时,通常以_____为基准面。

　　A. 固定钳口　　　B. 活动钳口　　　C. 任一钳口　　　D. 依工件而定

项目三 沟槽的铣削

三、操作题

1. 铣削如图 3-4-10 所示的十字复合槽零件,毛坯为 80 mm×80 mm×20 mm 长方块,单件生产。试对零件进行铣削加工工艺分析,并完成该零件中槽的加工。

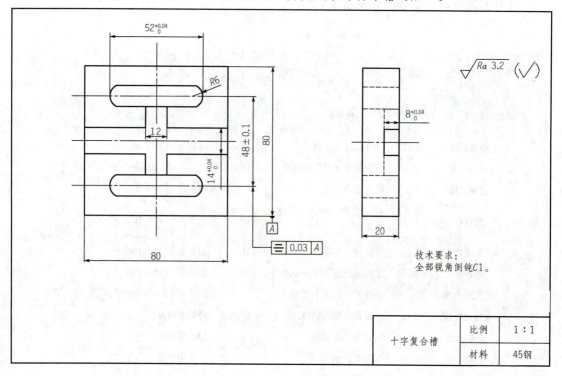

▲图 3-4-10　十字复合槽零件

工、量、刀具及毛坯准备清单见表 3-4-5。

▼表 3-4-5　工、量、刀具及毛坯准备清单

序号	名称	规格	精度	数量	序号	名称	规格	精度	数量
1	游标卡尺	0～150 mm	0.02 mm	1	10	毛刷			1
2	高度游标尺	0～300 mm	0.02 mm	1	11	铣夹头			1套
3	百分表及磁性表座	0～10 mm	0.01 mm	各1	12	样冲、榔头			各1
4	立铣刀及拉杆	ϕ14 mm、ϕ12 mm		各1	13	木榔头、活扳手			各1
5	钻头	ϕ10 mm		1	14	锉刀			1把
6	万能角度尺	0°～360°		1	15	垫铁			若干
7	铜棒			1	16	扳手			1套
8	钢直尺	150 mm		1把	17				
9	划针、划线规			各1	18				
毛坯尺寸		ϕ34 mm×80 mm			材料			45钢	

十字复合槽评分表见表 3-4-6。

▼ 表 3-4-6 十字复合槽评分表

项 目	配分	评分标准	检测结果	得分	备注
$14_0^{+0.04}$ mm	15	超差 0.01 mm 扣 1 分			
(48 ± 0.1) mm	15	超差 0.01 mm 扣 1 分			
12 mm	10	超差 0.30 mm 不得分			
$52_0^{+0.04}$ mm	10	超差 0.01 mm 扣 2 分			
$R6$ mm(4 处)	8	半径不符合不得分			
$8_0^{+0.04}$ mm	10	超差 0.01 mm 扣 1 分			
▱ 0.03 A	10	超差 0.01 mm 扣 2 分			
Ra 3.2 mm	16(多处)	降一级不得分			
机床保养、工量具合理使用与保养	6	酌情扣分			

2. 编写图 3-4-11 所示十字槽零件，毛坯尺寸为 85 mm×85 mm×23 mm，试写出该零件的加工工艺。

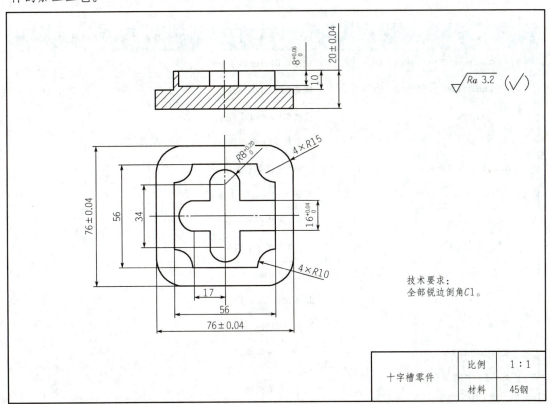

▲ 图 3-4-11 十字槽零件

项 目 三　沟槽的铣削

工、量、刀具及毛坯准备清单见表3-4-7。

▼表3-4-7　工、量、刀具及毛坯准备清单

序号	名称	规格/mm	精度/mm	数量	序号	名称	规格	精度	数量
1	游标卡尺	0～150	0.02	1	10	样冲、榔头			各1
2	高度游标尺	0～300	0.02	1	11	木榔头、活扳手			各1
3	百分表及磁性表座	0～10	0.01	各1	12	锉刀			1把
4	立铣刀及拉杆	$\phi16$、$\phi20$		各1	13	垫铁			若干
5	铜棒			1	14	扳手			1套
6	钢直尺	150		1把	15				
7	划针、划线规			各1	16				
8	毛刷			1	17				
9	铣夹头			1套	18				
毛坯尺寸		$\phi34\times80$			材料		45钢		

十字槽评分表见表3-4-8。

▼表3-4-8　十字槽评分表

项目	配分	评分标准	检测结果	得分	备注
(76±0.04)mm(两处)	12	超差0.01 mm扣1分			
56 mm(两处)	10	超差0.30 mm不得分			
34 mm	5	超差0.30 mm不得分			
17	5	超差0.30 mm不得分			
$R8^{+0.04}_{\ 0}$ mm(3处)	12	半径不符合不得分			
$16^{+0.04}_{\ 0}$ mm	6	超差0.01 mm扣1分			
$R10$ mm(4处)	12	半径不符合不得分			
$R15$ mm(4处)	12	半径不符合不得分			
(20±0.04)mm	6	超差0.01 mm扣1分			
10 mm	5	超差0.30 mm不得分			
$8^{+0.06}_{\ 0}$ mm	6	超差0.01 mm扣1分			
$Ra3.2\,\mu m$(多处)	5	降一级不得分			
机床保养、工量具合理使用与保养	4	酌情扣分			

任务5 花键槽的铣削

花键分为外花键与内花键。在外圆柱表面上的花键为外花键,在内圆柱表面上的花键为内花键,内、外花键均为多齿零件,常配合使用,形成花键连接,在机床、汽车等机械传动中作为变速机件广泛应用。外花键种类很多,按齿廓的形状可分为矩形齿、梯形齿、渐开线齿和三角形齿。花键连接适用于定心精度要求高、传递转矩大或经常滑移的连接。

因花键在圆周上平均分布,故铣削花键槽时须用分度头进行分度。

任务目标

1. 掌握分度头的使用。
2. 掌握花键轴工件安装和校正的方法。
3. 掌握矩形花键轴的铣削方法。
4. 掌握花键轴的检测方法。
5. 能分析铣削中出现的质量问题。

任务资讯

一、认识万能分度头

1. 万能分度头的规格和功用

1) 型号

万能分度头的型号由大写的汉语拼音字母和数字两部分组成,如:

2) 规格

按夹持工件最大直径,万能分度头常用的规格有:160 mm、200 mm、250 mm、320 mm 等。其中,FW250 型万能分度头是铣床上常用的一种。

3)功用

(1)能够将工件做任意的圆周等分或直线移动分度。

(2)可把工件的轴线放置成水平、垂直或任意角度的倾斜位置。

(3)通过交换齿轮,可使分度头主轴随铣床工作台的纵向进给运动做连续旋转,实现工件的复合进给运动。

2. 万能分度头的结构

万能分度头由基座、分度盘、分度叉、侧轴、蜗杆脱落手柄、主轴锁紧手柄、回转体、主轴、刻度盘、分度手柄和定位插销等组成,如图3-5-1所示。

▲图 3-5-1 万能分度头

万能分度头的结构如图 3-5-2 所示。

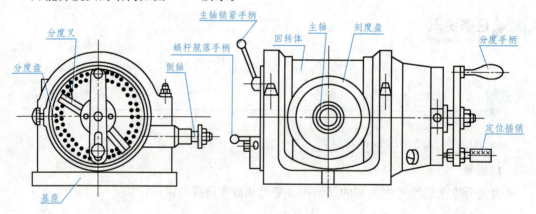

▲图 3-5-2 万能分度头的结构

1)基座

基座是分度头的本体,分度头的大部分零件均装在基座上。基座底面槽内装有两块定位键,可与铣床工作台台面上的中央T形槽相配合,以精确定位。

2)分度盘

分度盘两面都有多行沿圆周均布的小孔,用于满足不同的分度要求,如图 3-5-3 所示。

分度盘随分度头带有两块:

第一块正面孔数依次为：24，25，28，30，34，37。
反面孔数依次为：38，39，41，42，43。
第二块正面孔数依次为：46，47，49，51，53，54。
反面孔数依次为：57，58，59，62，66。

3）分度叉

分度叉又称扇形股，由两个叉脚组成，其开合角度的大小，按分度手柄所要转过的孔距数予以调整并固定。分度叉的作用是防止分度差错和方便分度。

▲图3-5-3　分度盘

4）侧轴

用于与分度头主轴间安装交换齿轮进行差动分度，或者用于与铣床工作台纵向丝杠间安装交换齿轮进行直线移距分度或铣削螺旋面等。

5）蜗杆脱落手柄

操纵蜗杆脱落手柄使蜗轮与蜗杆脱开，可直接转动主轴，利用调整间隙螺母，可对蜗轮副间隙进行微调。

6）主轴锁紧手柄

主轴锁紧手柄用于在每次分度后对主轴进行锁紧，减小铣削时的振动，且保持分度头的分度精度。

7）回转体

用于安装分度头主轴等的壳体形零件，主轴随回转体可沿基座的环形导轨转动，使主轴轴线在以水平为基准的$-6°\sim90°$范围内做不同仰角的调整。调整时，应先松开基座上靠近主轴后端的两个螺母，调整后再予以紧固。

8）主轴

主轴是一空心轴，FW250型分度头主轴前后两端均为莫氏4号锥孔，前锥孔可安装三爪自定心卡盘（或顶尖）及其他装卡附件，用以夹持工件。后端可安装锥柄挂轮轴用作差动分度。

9）刻度盘

刻度盘固定在主轴的前端，与主轴一起转动，其圆周上有$0°\sim360°$的等分，在直接分度时用来确定主轴转过的角度。

10）分度手柄

分度手柄用于分度，使主轴按一定传动比回转。

11）定位插销

定位插销在分度手柄的曲柄一端，可沿曲柄径向移动，调整到所选孔数的孔圈圆周，与分度叉配合准确分度。

3. 万能分度头的分度方法

使用分度头进行分度的方法有：直接分度、角度分度、简单分度和差动分度等。

1）直接分度

当分度精度要求较低时，摆动分度手柄，根据本体上的刻度和主轴刻度环直接读数进行分度。分度前须将分度盘轴套锁紧螺钉锁紧。

切削时必须锁紧主轴锁紧手柄后方可进行切削。

2)角度分度

当分度精度要求较低时,也可利用分度手轮上的可转动的分度刻度环和分度游标环来实现分度。分度刻度环每旋转一周分度值为9°,刻度环每一小格读数为1′,分度游标环刻度一小格读数为10″。

分度前须将分度盘轴套锁紧螺钉锁紧。

3)简单分度

简单分度是最常用的分度方法。它利用分度盘上不同的孔数和定位销通过计算来实现工件所需的等分数。

计算方法如下:

$$n = \frac{40}{Z}$$

式中　n——定位销(即分度手柄)转数;

　　　Z——工件所需等分数。

若计算值含分数,则在分度盘中选择具有该分母整数倍的孔圈数。

例:用分度头铣齿数 $Z=36$ 的齿轮。

$$n = \frac{40}{36} = 1\frac{1}{9}$$

在分数度盘中找到孔数为 $9 \times 6 = 54$ 的孔圈,代入上式:

$$n = \frac{40}{36} = 1\frac{1}{9} = 1\frac{1 \times 6}{9 \times 6} = 1\frac{6}{54}$$

操作方法:

先将分度盘轴套锁紧螺钉锁紧,再将定位销调整到54孔数的孔圈上,调整扇形拨叉含有6个孔距。此时转动手柄使定位销旋转一圈再转过6个孔距。

若分母不能在所配分度盘中找到整数倍的孔数,则可采用差动分度进行分度。

4. 万能分度头的附件及其功用

(1)尾座——配合分度头使用,用来装夹带中心孔的工件。

(2)前顶尖、拨盘和鸡心夹头——用来安装带中心孔的轴类零件。

(3)挂轮架与挂轮轴套——用来安装挂轮;挂轮架安装在分度头侧轴上,挂轮轴套用来安装挂轮,另一端安装在挂轮架的长槽内。

(4)交换齿轮——又称挂轮,FW250型万能分度头配有13个交换齿轮,其齿数是5的整数倍。

(5)千斤顶——用来支撑抗弯刚性差的工件,增加工件刚性,减小变形。

(6)三爪卡盘——通过法兰盘安装在分度头主轴上,用来夹持工件。使用时将方头扳手插入卡盘体的方孔中,转动扳手,通过卡爪可将工件夹紧或松开。

5. 万能分度头上装夹工件

1)运用三爪自定心卡盘装夹工件

圆盘形和圆柱形工件常选用这种办法。三爪自定心卡盘安装在分度头主轴前端的螺纹上，工件装夹在三个卡爪内，如图3-5-4(a)所示。关于易变形或软质材料工件，为了避免夹伤外表，应垫上铜皮类垫片。为了确保切削方位，加工前，可运用百分表或划针盘对工件方位进行找正。装夹直径较大的圆盘形工件时，还可将三爪自定心卡盘的卡爪反过来运用，如图3-5-4(b)所示。

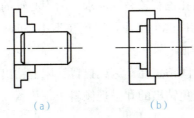

▲图3-5-4 三爪卡盘夹持工件

(a)工件装夹在三个卡爪内；(b)反爪夹持大直径工件

2)用一夹一顶装夹工件

这种办法多用于较长的轴类工件，为了避免切削中不安稳，可运用千斤顶在工件下面支撑起来，如图3-5-5所示。装夹大尺寸粗笨工件，可运用两个千斤顶在工件下面作支撑，找正切削方位后，运用压板将轴件固定。

3)前后两顶尖间装夹工件

装夹前，应使分度头和尾座的两顶尖对中。前后两顶尖间装夹工件如图3-5-6所示。

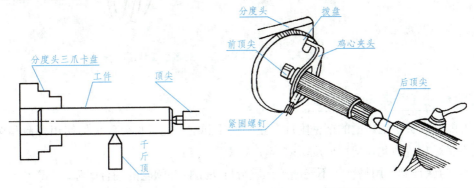

▲图3-5-5 一夹一顶装夹工件　　▲图3-5-6 前后两顶尖间装夹工件

准确的办法是先校对分度头的中间，这时，将一根规范锥度心轴插进分度头主轴的锥孔内，运用百分表触摸锥度心轴顶处的a点，并让其旋转一圈，找出a点的最大读数值与最小读数值之差，即径向圆跳动差值，若这个读数差超越该锥度心轴规格，要查看分度头、心轴等，重新装夹或替换心轴之后，还应对分度头主轴方位进行调整，直至a点和a'点的高度一致，这时，分度头主轴轴线平行于作业台面。接着运用相同办法在锥度心轴的侧面进行校对，以查看分度头主轴中间是不是纵向进给方向平行。因为分度头基座的底部有定位键，所以，在通常情况下，这项校对可不进行。

分度头主轴中间校对符合需求后，再装上尾座进行校对，其办法是，在分度头主轴上装上拨盘，磁性百分表座吸到拨盘上，百分表触头抵住顶尖，转变分度头主轴，使得百分表转变，调查百分表是不是安稳，可知前后顶尖是不是同轴。

前后两顶尖间装夹轴件，要注意两轴端中间孔形状和尺度的正确。轴端的中间孔除了用作支撑轴件，还能起定位效果，以保证加工中的准确性和可靠性。中间孔的质量也直接影响加工精度，所以，对中间孔也有较高的需求。因为心轴的直径和形状不一样，所用中间孔的种类也不一样。为了维护这个锥面，避免在不小心时碰伤它，往往在中间孔60°锥面的外边做出个120°的防护锥面。

心轴上的中间孔是运用中间钻头在车床或摇臂钻床上钻出来的。钻中间孔时，要注意中间钻头和工件方位正确，避免钻出的孔呈现倾斜。

4）用心轴装夹工件

孔类或套类工件常选用这种装夹办法。装夹工件前，对心轴进行校对，还要注意查看心轴的中间孔是不是符合需求，以确保工件装夹方位的正确。图3-5-7所示为用圆柱心轴装夹多个工件。

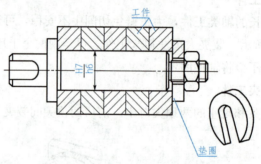

▲图3-5-7 用圆柱心轴装夹多个工件

6. 万能分度头的使用维护

万能分度头是铣床上的精密附件，正确使用和维护能延长分度头的使用寿命和保持其精度不受影响。因此，使用分度头时应注意以下几点：

(1)为保证其使用精度，不能随意调整分度头蜗杆和蜗轮的啮合间隙。

(2)为保护好主轴和两端锥孔以及基座底面不被损坏，在装卸、搬运分度头时应特别小心。

(3)在分度头上夹持工件时，最好先锁紧分度头主轴；紧固工件时，切忌使用接长套管套在扳手上施力。

(4)分度前先松开主轴锁紧手柄，分度后紧固分度头主轴。铣削螺旋面时主轴锁紧手柄应松开。

(5)分度时，应顺时针转动分度手柄，如手柄摇错孔位，应将分度手柄逆时针转动半圈后再顺时针转动到规定孔位。分度定位插销应缓慢插入分度盘的分度孔内，不能将定位插销突然插入孔内，以免损坏定位插销和定位孔眼。

（6）为保证主轴的"零位"位置没有变动，调整分度头主轴的仰角时，不应将基座上部靠近主轴前端的两个内六角螺钉松开。

（7）使用前应清除分度头表面的脏物，将主轴锥孔和基座底面擦拭干净，并要经常保持清洁。

（8）分度头存放时应涂防锈油，各部分应按说明书规定定期加油润滑。

二、矩形齿花键槽的铣削

1. 矩形花键定心方式、工艺要求

花键按其齿廓形状可以分为矩形齿、梯形齿、渐开线齿和三角形齿，其中以矩形花键使用最广泛。

1）定心方式

矩形花键的定心方式有大径定心、小径定心和齿侧定心三种，如图 3-5-8 所示。其他齿形的花键一般都采用齿侧定心。由于小径定心精度高，我国现行国标 GB/T 1144—2001 中只规定了小径定心一种方式。

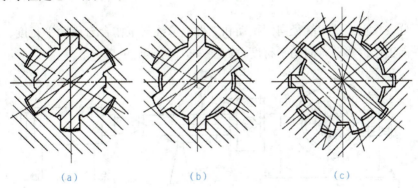

▲图 3-5-8　矩形花键定心方式
(a)大径定心；(b)小径定心；(c)齿侧定心

2）工艺要求

（1）尺寸精度：键的宽度和花键的定心面是主要配合尺寸，精度要求高。花键的定心配合面的尺寸公差一般采用 f7 或 h7；键的宽度尺寸公差一般采用 f8 或 h8 和 f9 或 h9。

（2）表面粗糙度：键的两侧面和定心配合面的表面粗糙度，一般要求在 $Ra0.2\sim 3.2~\mu m$。

（3）形状和位置精度：

①外花键定心小径（或大径）与基准轴线的同轴度。

②键的形状精度和等分精度。

③键的两侧面与基准轴线的对称度和平行度。

2. 矩形外花键铣削加工的特点和方法

外花键的加工方法应根据零件的数量、技术要求及设备和刀具等具体条件确定。零件数量不多时，可在普通铣床上加工。

1) 使用单刀铣削

（1）工件的装夹。

①安装分度头和尾座。

②工件采用一夹一顶装夹，先把工件一端装夹在分度头的三爪自定心卡盘上，另一端用尾座顶尖顶紧，对于细长轴，还应在长度中间位置下面用千斤顶支撑，如图 3-5-9 所示。

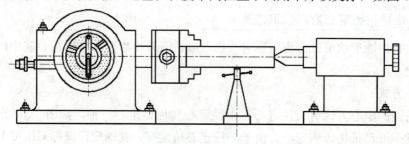

▲图 3-5-9　外花键的装夹

③用百分表找正工件两端径向圆跳动和工件上母线与工作台台面的平行度、工件侧母线相对于纵向工作台移动方向的平行度，如图 3-5-10 所示。

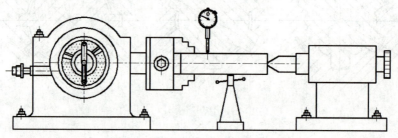

▲图 3-5-10　用百分表找正工件

（2）铣刀的选择、安装与对刀。

①铣刀的选择。花键轴槽的铣削分为中间槽的铣削和键侧的铣削，铣削键侧应选择三面刃铣刀，外径应尽量小一些，以减小铣刀的端面跳动量，保证键侧有较好的表面粗糙度。铣刀的宽度也应尽量小一些，以免在铣削中伤及邻齿齿侧。槽底圆弧小径的铣削则选择厚度为 2～3 mm 的密齿锯片铣刀或成形铣刀。安装铣刀时，可将两把刀间隔适当的距离装在同一根铣刀杆上。在加工时，只要移动横向工作台就可以将键侧和槽底先后铣出，减少了装卸刀具的麻烦。

②铣刀的安装。三面刃铣刀安装在铣刀杆上，其旋向为逆时针，并保证铣刀径向圆跳

动小于 0.05 mm；成形刀头的安装可用夹紧刀盘安装或用紧固刀盘安装，也可用方孔铣刀杆安装。

③对刀。对刀的目的是保证花键的键宽和两键侧面的对称性，所以必须让三面刃铣刀的侧面刀刃与花键齿侧面重合，常用的对刀方法有擦边对刀法、划线对刀法、切痕对刀法。

a. 擦边对刀法。如图 3-5-11 所示，将铣刀的侧面刀刃慢慢靠近工件侧面的贴纸，接触后，垂直向下退出工件，然后把工作台向铣刀方向横向移动一个距离 M。

$$M = \frac{1}{2}(D-B)+\Delta$$

式中　M——工作台横向移动距离(mm)；
　　　D——花键大径(mm)；
　　　B——花键宽(mm)；
　　　Δ——贴纸厚度(mm)。

这种对刀方法比较简单，只适用于工件外径不大、铣刀柄不会与工件相碰的场合。

b. 划线对刀法。在工件上划出中心线，然后用高度游标卡尺在工件外圆柱面的两侧，比中心高 1/2 键宽各划一条线，如图 3-5-12 所示。再用分度头分度把工件旋转 180°，重复上一动作。然后细心检查所划线之间的宽度是不是与键宽相等，如不相等，则需重新划线调整至等于键宽为止。接着将分度头旋转 90°，所划线部分外圆朝上，再用高度游标卡尺在工件端面划出花键的深度线。铣削时把三面刃铣刀的侧面刀刃对准键的侧面，圆周刀刃对准花键深度线，完成划线对刀。

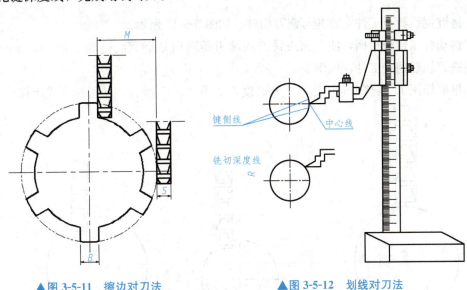

▲图 3-5-11　擦边对刀法　　　　　▲图 3-5-12　划线对刀法

c. 切痕对刀法。切痕对刀法又称为试切对刀法，如图 3-5-13 所示，先由操作者目测使工件中心尽量对准三面刃铣刀中心，然后开动机床并逐渐升高工作台，使铣刀圆周刀刃少量切着工件，再将横向工作台前后移动，就可以在工件上切出一个椭圆形痕迹，只要将

133

工作台逐渐升高，痕迹的宽度也会加宽，当痕迹宽度等于花键键宽后，可移动横向工作台，使铣刀的侧面与痕迹边缘相切，即完成对刀目的。为了去掉这个痕迹，必须在对刀之后将工件转过半个齿距，才能开始铣削。

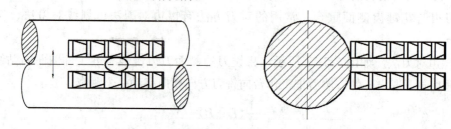

▲图 3-5-13　切痕对刀法

（3）铣削方法。

①先在工件上划出中心线和键宽尺寸线，如图 3-5-14 所示。

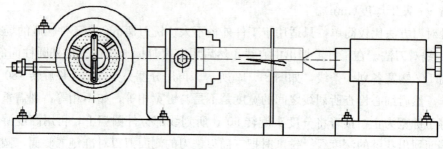

▲图 3-5-14　划线

②将键宽线转至工件上方并与铣刀相对，如图 3-5-15 所示。

③摇动各工作台手柄，使三面刃铣刀的端刃距离所划键宽线一侧 0.3～0.5 mm，对刀，使铣刀轻轻划着工件，如图 3-5-16 所示。

④根据切深 H 调整垂向工作台上升高度，如图 3-5-17 所示。H 可按下式计算：

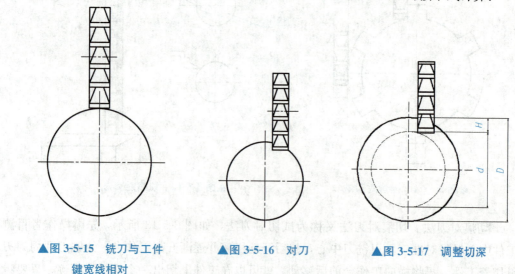

▲图 3-5-15　铣刀与工件　　▲图 3-5-16　对刀　　▲图 3-5-17　调整切深
　　键宽线相对

$$H = \frac{(D-d)}{2} + 0.5$$

式中　H——工作台垂向上升高度，mm；

　　　D——花键轴大径，mm；

　　　d——花键轴小径，mm。

⑤如图 3-5-18 所示，先铣削键侧 1。

⑥如图 3-5-19 所示，将工件转过 180°，铣削键侧 2。

⑦如图 3-5-20 所示，退刀，横向移动工作台一个距离 $A[A=B+b+2\times(0.3\sim0.5)]$，铣削出键侧 3。

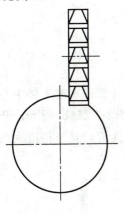 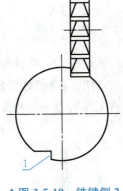 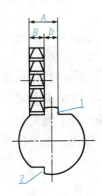

▲图 3-5-18　铣键侧 1　　　　▲图 3-5-19　铣键侧 2　　　　▲图 3-5-20　铣键侧 3

⑧退出工件并将其转过 90°，用杠杆百分表测量键侧 1 和键侧 3 的高度，如图 3-5-21 所示。若高度一致，说明花键对称于工件中心；若不一致，则按高度差的一半调整横向工作台位置，并将工件转过一个齿重新铣削后进行检测，直至合格为止。

⑨花键试铣合格后，锁紧横向工作台，按图 3-5-22 所示的顺序依次铣削成各键，然后用百分表检测。

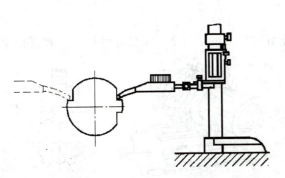  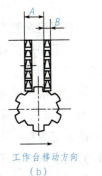

▲图 3-5-21　用杠杆百分表检测键侧 1 和键侧 3 的高度

▲图 3-5-22　铣削花键的顺序

(a)铣削键侧 1、2、3、4、5、6；(b)移动横向工作台铣削键侧 7、8、9、10、11、12

⑩试铣槽底圆弧。换装成形刀头，调整各工作台手柄，使花键槽两肩部同时与刀头圆弧相接触，即对正中心，如图 3-5-23 所示，然后将工件转过 1/2 花键等分角，使花键小径与成形刀头圆弧相对，试铣后铣削出槽底圆弧小径，如图 3-5-24 所示。

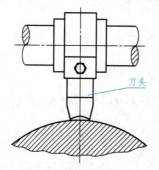 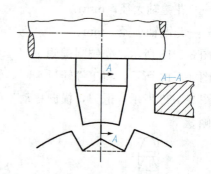

▲图 3-5-23　成形刀头圆弧对中心　　▲图 3-5-24　用成形单刀头铣槽底小径

槽底圆弧小径也可采用锯片铣刀铣削完成。铣削时应使锯片铣刀对准工件中心，如图 3-5-25(a)所示，然后使工件转过一个角度，调整好切深，如图 3-5-25(b)所示，开始铣削槽底圆弧小径。每完成一次走刀，将工件转过一些角度后再次走刀，直至将槽底凸起的余量铣去，如图 3-5-25(c)所示。

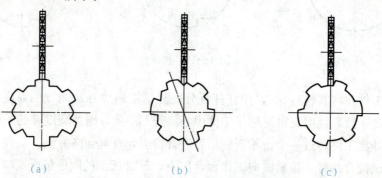

▲图 3-5-25　用锯片铣刀铣槽底圆弧小径

2)用组合铣刀铣削花键槽

在工件加工数量较多，缺少专用的成形花键铣刀的情况下，常使用两把宽度和直径相同的三面刃组合铣刀铣削花键，使外花键的左右侧面同时铣出，如图 3-5-26(a)所示，两把三面刃铣刀安装在一根铣刀杆上。这种方法不仅提高了加工效率，而且很好地保证了键宽尺寸。

当花键铣出后，会在槽底留下尖棱，这时可采用成形铣刀铣槽底，如图 3-5-26(b)所示。相

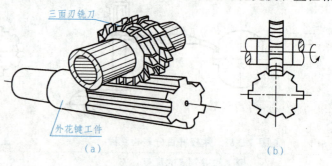

▲图 3-5-26　用组合铣刀铣削花键轴
(a)用组合铣刀铣花键侧面；(b)用成形铣刀铣槽底

对于单刀铣削来说,用组合铣刀铣外花键可以提高生产效率,简化操作步骤。

在选择用组合铣刀铣削时应注意以下几点:
(1)对刀调整铣刀的切削位置时,两把三面刃铣刀的内侧刃应对称于工件中心。
(2)两把三面刃铣刀必须规格相同、直径相等,其误差应小于 0.2 mm。
(3)为保证铣出的键宽符合规定的尺寸要求,应使两铣刀侧面刀刃之间的距离等于花键键宽。
(4)采用组合铣刀铣削花键时,工件的装夹和校正方法与单刀铣削相同。

3)用花键成形铣刀铣削花键槽

用花键成形铣刀铣削花键槽如图 3-5-27 所示,由于花键成形铣刀制造与刃磨都较为困难,因此,这种方法适用于大批量铣削生产。

用花键成形铣刀铣削花键槽时可采用划线对中心法对刀。先在工件圆周上划出两条与刀尖距离相等且对称于工件中心的宽度线,再使铣刀的两刀尖与两条线对正,即对好中心,如图 3-5-28 所示。

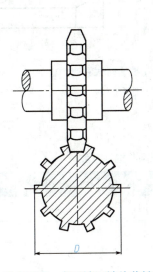
▲图 3-5-27 成形铣刀铣外花键槽

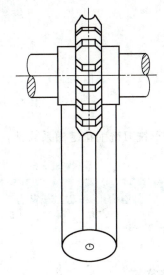
▲图 3-5-28 划线对中心法

用花键成形铣刀铣削花键轴时也可采用切痕对刀法,对刀前先划出工件中心线,并将其转至上方,目测使成形铣刀两刀尖与已划出的中心线两边距离一样,然后铣削出两个小刀痕,观察刀痕大小,若大小一样,则两边与中心线的距离相等,如图 3-5-29(a)所示。对好中心后,调整切深,留 0.5 mm 精铣余量,铣削出第一个齿槽,如图 3-5-29(b)所示,然后退出工件,使键侧 1 和键侧 2 处于水平位置,用杠杆百分表分别测量键侧 1 和键侧 2 高度,如图 3-5-29(c)所示,如果两次读数值相同,则铣刀中心对正工件中心;如果两次读数值不同,表示中心位置没对正,就要进行修正。修正值 S 可按下式计算:

$$S = \Delta x K$$

式中 S——工作台横向偏移量,mm;

Δx——两键侧对称度误差，mm；

K——系数，按表 3-5-1 选取。

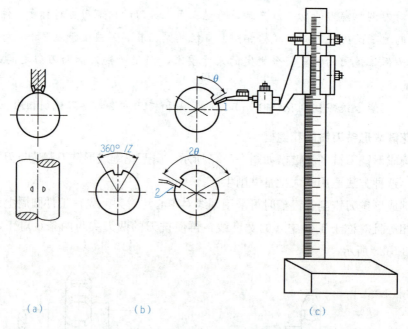

▲图 3-5-29　用花键成形铣刀铣削花键槽时试铣对中心

(a)切痕对中心；(b)试铣；(c)测量键侧 1 和键侧 2

花键成形铣刀铣削花键槽系数见表 3-5-1。

▼表 3-5-1　花键成形铣刀铣削花键槽系数

花键齿数	4	6	8	10	16
系数 K	0.707	0.577	0.541	0.526	0.510

任务实施

一、铣削实例

例1　单刀加工小径定心花键轴，如图 3-5-30 所示。

1. 分析图样

1)分析加工精度

该花键加工尺寸精度要求较高，大小径、键宽皆有公差要求。

键宽 $B=(7.4±0.045)$ mm；小径 $d=(\phi 28.4±0.045)$ mm；大径 $D=\phi 34_{-0.47}^{-0.37}$ mm。

键对工件轴线的对称度公差 0.06 mm，对工件轴线平行度公差 0.05 mm。

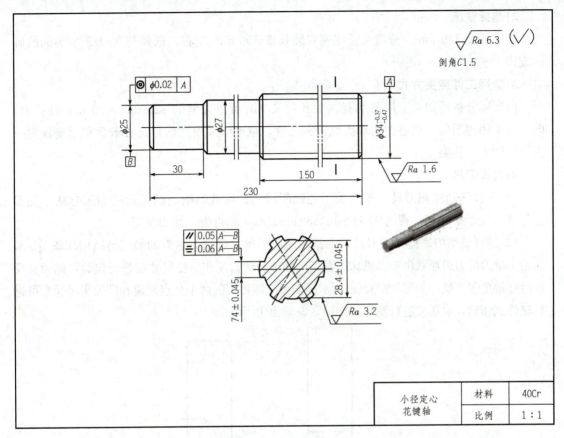

▲图 3-5-30　小径定心花键轴

2)分析表面粗糙度

大径表面的表面粗糙度为 $Ra1.6\ \mu m$，小径表面为 $Ra3.21\ \mu m$，其余（包括键侧）表面 $Ra6.3\ \mu m$。

3)分析工件材料

工件材料为 40Cr 合金结构钢，具有较高的强度。

4)分析零件形体

工件是阶梯轴，花键在 $\phi 34\ mm \times 150\ mm$ 外圆上贯通，两端有 2.5 mm 的 B 型中心孔，而且有 $\phi 25\ mm \times 30\ mm$ 的外圆柱面，便于工件定位装夹。

2. 拟订加工工艺与工艺准备

1)花键加工工序

花键的直径比较小，采用先铣削键侧、后铣削中间槽的方法加工花键轴。

花键铣削加工工序过程为：检验预制件→安装分度头→找正工件并在工件表面划键宽线→按划线对刀调整键侧 1 铣削位置→试切两侧面并预检键对称度→铣削键侧 1（六面）→调整键侧 2 铣削位置并达到工序要求→铣削键侧 2（六面）→调整槽底圆弧面铣削位置→铣削槽底圆弧面达到小径要求→花键工序的检验。

2)选择铣床

工件长度 230 mm,分度头及尾座安装长度 550 mm 左右,选择与 X6132 型类同的卧式铣床。

3)选择工件装夹方式

由形体分析可知,工件两端有顶尖孔,又具有可供夹紧的 $\phi 25$ mm×30 mm 圆柱面,既可以采用两顶尖、鸡心夹头和拨盘装夹工件,也可以采用三爪自定心卡盘和尾座顶尖一夹一顶的方式装夹。

4)选择刀具

(1)选择铣削键侧刀具。本例采用先铣削键侧、后铣削槽底圆弧面的加工方法,铣刀的厚度不受严格限制,现选用 63 mm×8 mm×22 mm 直齿三面刃铣刀。

(2)选择铣削槽底圆弧面刀具。本例采用成形单刀铣削,单刀的形式与结构如图 3-5-31 所示。单刀的刀刃形状由工具磨床刃磨,圆弧部分的长度和半径尺寸应进行检验,侧刃夹角用游标量角器测量,如图 3-5-32(a)所示。侧刃与圆弧刃的两个交点距离和圆弧半径通常可进行试件试切后,对切痕进行测量,如图 3-5-32(b)所示。

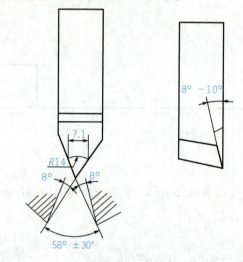

▲图 3-5-31 铣削花键槽底成形单刀形式与结构

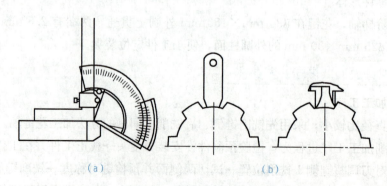

▲图 3-5-32 铣削花键槽底成形单刀的检验

(a)侧刃夹角测量;(b)圆弧刃检验

5)选择检验测量方法

按工序要求,对键的宽度尺寸、对称度与平行度,以及小径尺寸进行分别检验测量,也可采用综合量规检测。

3. 小径定心花键单刀铣削加工

1)加工准备

(1)安装分度头和尾座,并在分度头上安装三爪自定心卡盘,安装前应选择自定心精度较高的卡盘,安装时应注意清洁各定位接合面,保证安装精度。

(2)预检、装夹和找正工件。

①检验大径的尺寸与圆柱度,并检验大径圆柱面与两顶尖轴线的同轴度。

②大径圆柱面一端中心孔用尾座顶尖定位,$\phi25$ mm×30 mm 的圆柱面用三爪自定心卡盘定位夹紧。

③工件找正的方法与上面讲解基本相同,当工件与分度头轴线同轴度有误差时,可将工件转过一个角度装夹后,再进行找正,若还有误差,也可在卡爪与工件之间垫薄铜片,直至工件大径外圆与回转中心同轴度在 0.03 mm 之内。上素线与工作台面的平行度、侧素线与进给方向平行度均在 100∶0.02 范围内。

(3)安装铣刀。

铣削槽底圆弧面的成形单刀头装夹方式如图 3-5-33 所示,本例选用如图 3-5-33(b)所示的装夹方式。

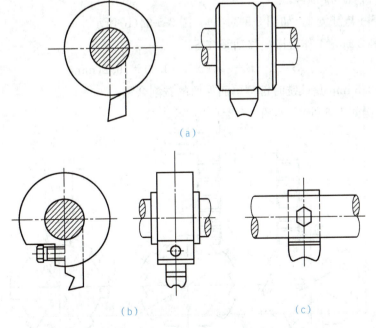

▲图 3-5-33 铣削花键槽底成形单刀安装方法
(a)用夹紧刀盘安装;(b)用方孔刀盘安装;(c)用方孔刀杆安装

（4）选择铣削用量。

三面刃铣刀的铣削用量按工件材料和铣刀的规格确定，调整主轴转速 $n=95$ r/min，进给速度 $f=47.5$ mm/min。在粗铣中间槽和侧面时，主轴转速可低一挡。圆弧面单刀的铣削用量由试切确定，试切时，根据工件的振动情况，圆弧面的表面质量（包括圆弧的形状和表面粗糙度）确定。

2）加工花键

（1）工件表面划线。

①划水平中心线。将划线游标高度尺调整至分度头的中心高 125 mm，在工件外圆水平位置两侧划水平线，然后将工件转过 180°，按同样高度在工件两侧重复划一次线，若两次划线不重合，则将划线位置调整在两条线的中间，再次划线，直至翻转划线重合。该重合的划线即为水平位置中心线。

②划键宽线。根据水平中心线的划线位置，将游标高度尺调高或调低键宽尺寸的 1/2（本例为 3.7 mm）。仍按上述方法，在工件水平位置的两侧外圆上划出键宽线。

（2）调整键侧铣削位置。

划线后，将工件转过 90°，使键宽划线转至工件上方，作为横向对刀依据。调整工作台，使三面刃铣刀侧刃切削平面离开键侧 1 键宽线 0.3～0.5 mm，在横向刻度盘上用粉笔做记号并锁紧工作台。

根据花键铣削长度、铣刀切入和切出距离，调整铣削终点的自动停止限位挡块。

（3）试切与对称度预检。

试铣键侧 1 与键侧 2，如图 3-5-34(a)、图 3-5-34(b) 所示。

试铣键侧 2 时，工作台横向移动距离 S 为

$$S = L + B + 2 \times (0.3 \sim 0.5) = 16.2 \text{(mm)}$$

式中，0.3～0.5 mm 是试铣时键侧单面保留的铣削余量。

（4）铣削键侧 1(6 处)，如图 3-5-34(a) 所示。

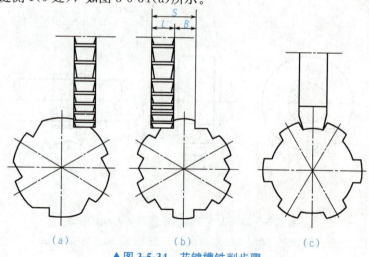

▲图 3-5-34 花键槽铣削步骤

(a)铣削键侧 1；(b)铣削键侧 2；(c)铣削槽底小径圆弧面

(5)铣削键侧2。键侧1铣削完毕后,调整工作台横向,保证键宽尺寸达到(7.4±0.045)mm,按等分要求,依次铣削键侧2(6处),如图3-5-34(b)所示。

(6)铣削槽底小径圆弧面,如图3-5-34(c)所示。

① 安装成形单刀,单刀伸出的尺寸尽可能小,以提高刀具的刚度。成形单刀铣削时常用圆弧刀刃对刀,因此应注意单刀的安装精度。目测检验单刀安装精度的方法如图3-5-35(a)所示,借助的平行垫块尽可能长,若安装正确,垫块应与刀轴平行。

②横向对刀,调整工作台,目测使单刀的圆弧刀刃的两个尖角与工件键顶同时接触,如图3-5-35(b)所示。对刀后锁紧工作台横向。

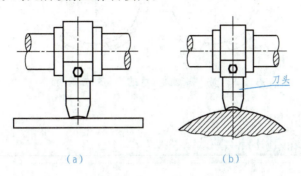

▲图3-5-35 成形单刀(铣削槽底用)安装与对刀位置

(a)目测检验单刀安装精度;(b)目测单刀横向对刀位置

③调整工件转角,将工件由铣削键侧的位置转至铣削槽底位置。

④试切预检小径尺寸。工作台垂向在槽底对刀,试切出圆弧面,工件转过180°按垂向同样铣削位置,试切出对应的圆弧面,用外径千分尺预检小径尺寸。

⑤按实测尺寸与工序尺寸差值的1/2调整工作台垂向。当试切的小径尺寸符合图样要求时,按工件等分要求,依次铣削槽底圆弧面,使小径尺寸达到(28.4±0.045)mm。

3)检验与质量分析要点

(1)检测外花键。

①测量键宽和小径尺寸精度。用千分尺测量键宽尺寸应在7.355～7.445 mm;小径尺寸应在28.355～28.445 mm。

②测量键侧对称度、平行度和等分度误差,具体操作方法见以上讲解。对称度测量示值变动量应在0.06 mm以内;平行度测量示值变动量应在0.05 mm以内;等分度测量示值变动量应在0.07 mm以内。

(2)分析质量要点。

①本例采用分度头安装三爪自定心卡盘,采用与尾座一顶一夹的方式装夹工件。由于工件夹紧部位无台阶面,在铣削过程中,可能因切削力波动、冲击使工件沿轴向发生微量位移,从而使工件脱离准确的定位和找正位置,影响对称度、平行度和等分度。

②选用成形单刀铣削槽底圆弧面,受刀具刃磨质量、安装精度、刀具切削性能等影响,铣削而成的小径圆弧面形状和尺寸精度、表面粗糙度都会产生一些误差。如刀具几何

角度不好，可能引起切削振动，从而影响表面粗糙度。又如，刀具安装精度和对刀误差，可能会形成槽底圆弧面的不同轴位置误差，如图 3-5-36 所示。

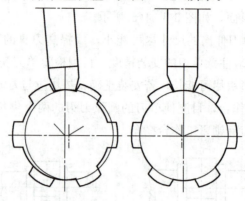

▲图 3-5-36　槽底圆弧面的不同轴位置误差

二、花键轴槽的检测

1. 单项检测

单件小批量生产中，一般用游标卡尺、千分尺、百分表完成。

（1）测量键宽和小径。用外径千分尺测量键宽和小径。

（2）测量键的对称度。铣削完毕后可在工作台上用百分表直接测量，如图 3-5-37（a）所示。

（3）测量平行度。在测量对称度后，移动百分表测出键侧两端读数差值，如图 3-5-37（b）所示。

（4）测量等分误差。在测量平行度后，再进行分度测量，测出 6 个键同侧的跳动量。

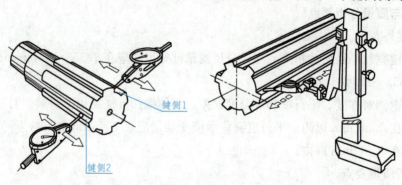

▲图 3-5-37　用百分表检测花键平行度及对称度
（a）用百分表检验对称度；（b）用百分表测量花键平行度

2. 综合检测

在成批和大量生产中，则采用综合量规和单项止端量规结合的检测方法。综合量规检验矩形外花键如图 3-5-38 所示。

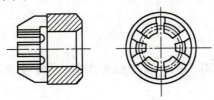

▲图 3-5-38　综合量规检验矩形外花键

检验时，先用千分尺或卡规检验键宽，在键的宽度不小于最小极限尺寸的条件下，以综合量规能通过、单项止规不通过为合格。

三、花键槽铣削质量分析及注意事项

1. 键宽尺寸超差

1）超差原因
(1) 加工时的测量错误。
(2) 在摇手柄移动横向工作台时看错刻度盘，或机床的传动轴间隙未消除。
(3) 刀杆垫圈端面不平行，致使刀具侧面圆跳动过大。
(4) 分度差错或摇分度手柄时未消除传动间隙。

2）解决措施
(1) 多次测量，认真读数，力求准确。
(2) 当摇手柄超过所需刻度时，不能直接退回至所需刻度，应将手柄退回一圈后，再重新摇至所需刻度处。
(3) 铣刀安装后应检查其圆跳动，误差应在 0.02 mm 以内。
(4) 认真分度，并在摇动分度手柄时注意其传动间隙的影响。

2. 小径尺寸超差

1）超差原因
(1) 测量及调整铣削深度时有差错。
(2) 未找正工件上母线与工作台台面的平行度，致使小径两端尺寸不一致。

2）解决措施
(1) 认真测量，认真对刀及调整铣削深度。
(2) 加工前认真找正工件上母线与工作台台面的平行度。

3. 键侧平行度误差

1）超差原因
工件侧母线与工作台纵向进给方向不平行。

2）解决措施
加工前认真找正工件侧母线与工作台纵向进给方向平行度。

项目三 沟槽的铣削

4. 对称度超差

1)超差原因

(1)对刀不准。

(2)在摇手柄移动横向工作台时,看错刻度盘或未消除传动间隙。

(3)未找正工件同轴度。

2)解决措施

(1)采用切痕对刀法找正中心。

(2)摇动手柄时看准刻度并注意传动间隙的影响。

(3)校正外圆径向跳动和上母线与工作台台面的平行度,以及侧母线与工作台纵向进给方向的平行度。

5. 等分误差较大

1)超差原因

(1)摇错分度手柄,调整分度叉孔距有错误,未消除传动间隙。

(2)未找正工件同轴度。

(3)铣削过程中工件松动。

2)解决措施

(1)摇动手柄时看准刻度并注意传动间隙的影响。

(2)校正外圆径向跳动和上母线与工作台台面的平行度,以及侧母线与工作台纵向进给方向的平行度。

(3)加工前找正工件并夹紧,防止松动。

任务评价

任务实施后,完成表 3-5-2。

▼表 3-5-2　花键槽评分表

工件名称	花键槽	代号		检测编号		总得分		
项目与配分		序号	技术要求	配分	评分标准		检测记录	得分
工件加工评分	花键槽长度	1	符合图中长度公差要求	10	超差 0.01 mm 扣 2 分			
	花键槽宽度	2	符合图中宽度公差要求	10	超差 0.01 mm 扣 2 分			
	花键槽深度	3	符合图中深度公差要求	10	超差 0.01 mm 扣 2 分			
	轴心对称度	4	要求对称于中心,公差不大于 0.1	15	超差 0.01 mm 扣 2 分			
	花键平行度	5	平行度公差不大于 0.1	10	超差 0.01 mm 扣 2 分			
	表面粗糙度	6	表面粗糙度不得降级	15	降级不得分			
	完成情况	7	按时完成无缺陷	5	超差全扣			

续表

工件名称	花键槽	代号	检测编号		总得分		
项目与配分		序号	技术要求	配分	评分标准	检测记录	得分
工艺过程		8	加工工艺卡	10	不合理每处扣2分		
机床操作		9	机床操作规范	5	出错一次扣2分		
			工件、刀具装夹	5	出错一次扣2分		
安全文明生产		10	安全操作机床	5	安全事故停止操作或酌情扣分		

练习与提高

一、判断题

1. 花键轴的定心方式有大径定心和小径定心两种。（ ）
2. 当加工的花键轴为单件时常采用普通铣床来加工。（ ）
3. 分度头的主轴是空心轴，两端均有莫氏锥度内锥孔。（ ）
4. 用单刀铣削法铣削花键轴生产效率高、加工质量好。（ ）
5. 万能分度头的主轴可在±45°的范围内倾斜角度。（ ）
6. FW250型分度头夹持工件最大直径为250 mm。（ ）
7. 万能分度头的侧轴通过交错轴斜齿轮传动与分度盘相联系。（ ）
8. 万能分度头的蜗轮齿数称为定数，通常是40。（ ）
9. 分度孔盘的作用是解决非整数转的分度。（ ）
10. 分度头只能用三爪自定心卡盘装夹轴类零件。（ ）
11. 万能分度头和回转工作台属于铣床专用夹具。（ ）

二、选择题

1. 分度头的主要功能是（   ）。
   A. 分度　　　B. 装夹轴类零件　　C. 装夹套类零件　　D. 装夹矩形工件
2. 在铣床上铣削加工圆柱螺旋槽工件，选用（   ）。
   A. 等分分度头　B. 半万能分度头　C. 万能分度头　　D. 回转工作台
3. 标准万能分度头分度手柄1 r的分度误差为（   ）。
   A. ±45″　　　B. ±30″　　　C. ±1′　　　D. ±10″
4. F11125型分度头主轴可在（   ）范围内调整主轴倾斜角。
   A. ±45°　　　B. −6°～+90°　　C. 0°～180°　　D. ±60°
5. 万能分度头可将工件做（   ）圆周等分。
   A. 限定在10以内的　　　　　　B. 限定孔圈数的
   C. 任意　　　　　　　　　　　D. 非质数的

147

6. F11125 型万能分度头的定数是 40，表示（　　）。
   A. 传动蜗杆的直径　　　　　　　　B. 主轴上蜗轮的模数
   C. 传动蜗杆的轴向模数　　　　　　D. 主轴上蜗轮的齿数

7. 选用鸡心卡头、拨盘和尾座装夹工件的方式适用于（　　）的轴类零件装夹。
   A. 两端无中心孔　　　　　　　　　B. 一端有中心孔
   C. 两端有中心孔　　　　　　　　　D. 两端无中心孔但有台阶

8. 若分度手柄转数 $n=44/66$ r，使用分度叉时，分度叉之间的孔数为（　　）。
   A. 45　　　　B. 44　　　　C. 43　　　　D. 66

9. 为了使两顶尖装夹的细长轴在加工时不发生弯曲、颤动，应使用的分度头附件是（　　）。
   A. 拨盘　　　　B. 尾座　　　　C. 千斤顶　　　　D. 前顶尖

10. 两端有螺纹并带有轴套的交换齿轮轴应安装在（　　）。
    A. 分度头主轴前端上　　　　　　B. 分度头主轴后端上
    C. 交换齿轮架上　　　　　　　　D. 分度头侧轴上

11. 若工件的等分数为 63，用万能分度头精确分度时应采用（　　）分度法。
    A. 简单　　　　B. 角度　　　　C. 差动　　　　D. 近似

三、操作实训题

1. 按图 3-5-39 所示零件图要求，铣削花键轴。

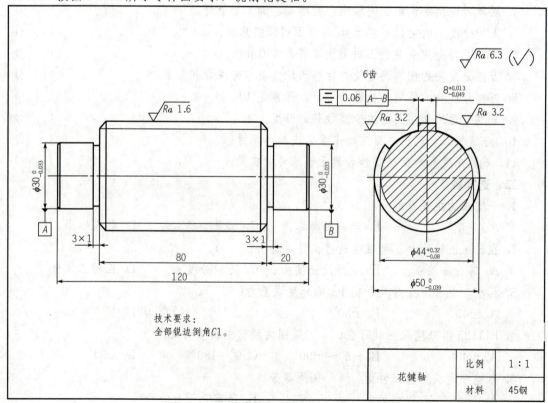

▲图 3-5-39　花键轴

工、量、刀具及毛坯准备清单见表 3-5-3。

▼表 3-5-3 工、量、刀具及毛坯准备清单

序号	名称	规格/mm	精度/mm	数量	序号	名称	规格	精度	数量
1	游标卡尺	0～150	0.02	1	10	铣夹头			1套
2	高度游标尺	0～300	0.02	1	11	样冲、榔头			各1
3	百分表及磁性表座	0～10	0.01	各1	12	木榔头、活扳手			各1
4	三面刃铣刀	8		2	13	锉刀			1把
5	成形铣刀			1	14	垫铁			若干
6	铜棒			1	15	扳手			1套
7	钢直尺	150		1把	16	综合量规			1
8	划针、划线规			各1	17				
9	毛刷			1	18				
毛坯尺寸		$\phi 34 \times 80$			材料	45钢			

评分表(花键部分)见表 3-5-4。

▼表 3-5-4 评分表(花键部分)

项目	配分	评分标准	检测结果	得分	备注
大径 $\phi 50_{-0.039}^{0}$ mm	10	超差 0.01 mm 扣 1 分			
小径 $\phi 44_{-0.08}^{+0.32}$ mm	10	超差 0.01 mm 扣 1 分			
键宽 $8_{-0.049}^{+0.013}$ mm(6齿)	24	超差 0.01 mm 扣 1 分			
≡ 0.06 A—B	30	超差 0.01 mm 扣 2 分			
键侧表面粗糙度12处	12	降一级不得分			
大径表面粗糙度1.6	5	降一级不得分			
其余 $Ra 6.3\ \mu m$(多处)	5	降一级不得分			
机床保养、工量具合理使用与保养	4	酌情扣分			

项目四

特形槽的铣削

常见的特形沟槽有 V 形槽、T 形槽、燕尾槽、圆弧槽等，它们广泛用于各种零件中，例如定位元件和夹具中有 V 形槽，钻床、铣床的工作台中有 T 形槽，铣床的纵向和升降导轨中有燕尾槽。特形沟槽一般采用刃口形状与沟槽相同的铣刀铣削。

任务 1　铣削 V 形块

V 形块按 JB/T 8047—2007 标准制造，也称为 V 形架。常用的有三口 V 形铁、单口 V 形铁和五口 V 形铁。V 形块采用优质 HT200-250 材质，铸铁 V 形块的材质可以分为球铁和灰铁两类，主要用于精密轴类零件的检测、划线、定仪及机械加工中的装夹。

V 形块是平台测量中的重要辅助工具。一般 V 形块、V 形槽是 90°开口，还有不同尺寸、不同开口的 V 形块，V 形开口可以做成 60°、120°、45°。这些角度不同的 V 形块加工精度同一般 V 形块。

🔍 任务目标

通过加工 V 形块要求学生达到以下的学习目标：

1. 能独立阅读生产任务单，明确工时、加工数量等要求，说出所加工零件的用途、功能和分类。

2. 能识读图样和工艺卡，明确加工技术要求和加工工艺。

3. 能应用刀具角度知识，说明圆柱铣刀和端铣刀角度参数的含义、表示方法及对切削性能的影响；能在刀具几何角度示意图中用规范的标识符号标注出相应的角度，并在实物中判别其位置。

4. 能叙述平口钳的安装、校正和装夹工件的方法。能根据现场条件，查阅相关资料，确定符合加工技术要求的工、量、夹具。

5. 编制工艺卡。能综合考虑零件材料、刀具材料、加工性质、机床特性等因素，查阅切削手册，确定切削三要素中的切削速度、进给量和切削深度，并能运用公式计算转速和进给量。

6. 能掌握V形槽的铣削加工方法和加工步骤。
7. 能对加工的零件进行检测。

任务描述

V形块是一种常用的定位元件，在机床夹具中应用非常普遍。V形块上V形槽两侧面的夹角（槽角）有60°、90°、120°，其中以90°的V形槽最为常用。图4-1-1所示为V形块零件图，根据图示要求，选择坯料，工艺设计，实施加工检测。工件材料为45钢。

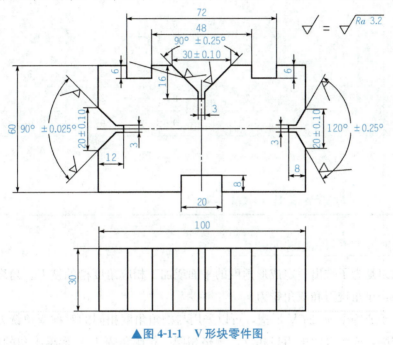

▲图4-1-1　V形块零件图

任务资讯

在完成加工任务的过程中，需要很多的知识储备。

一、零件毛坯余量的选择

毛坯加工余量见表4-1-1。

项 目 四　特形槽的铣削

▼表 4-1-1　毛坯加工余量　　　　　　　　　　　　　　　mm

工件宽度	≤100	101～250	251～320	321～450	451～600	601～800
	长度上加工余量 2e					
	5	6	6	7	8	10
	工件截面上加工余量（2a＝2b）					
≤10	4	4	5	5	6	6
11～25	4	4	5	5	6	6
26～50	4	4	5	6	7	7
51～100	5	5	6	7	7	7
101～200	5	5	7	7	8	8
201～300	6	7	7	8	8	9
301～450	7	7	8	8	9	9
451～600	8	8	9	9	10	10

二、V形槽的常用铣削方法

1. 用角度铣刀铣削 V 形槽

角度铣刀是为了铣出一定成形角度的平面或加工相应角度槽的铣刀。角度铣刀一般可以分为两种：单角铣刀和双角铣刀。

槽角小于或等于 90°的 V 形槽，可以采用与槽角角度相同的对称双角铣刀，在卧式铣床上进行铣削，或组合两把刃口相反、规格相同、轮廓角等于 V 形槽半角的单角铣刀（铣刀之间应垫垫圈或铜皮）进行铣削。

铣削时，先用锯片铣刀铣出窄槽，再用角度铣刀对 V 形槽面进行铣削，如图 4-1-2 所示。

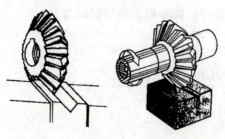

▲图 4-1-2　用角度铣刀对 V 形槽进行铣削

2. 用立铣刀或端铣刀铣削 V 形槽

槽角大于或等于 90°、尺寸较大的 V 形槽，可以按槽角角度是 1/2 倾斜立铣头，用立铣刀或端铣刀对槽面进行铣削，如图 4-1-3 所示。

▲图 4-1-3 立铣刀或端铣刀铣削 V 形槽

工件装夹并校正后，用立铣刀或端铣刀对 V 形槽面进行铣削，铣完一侧槽面后，将工件调转 180°重新夹紧，再铣另一侧槽面，也可将立铣头反方向偏转角度后铣另一侧面。

3. 用三面刃铣刀铣削 V 形槽

工件外形尺寸较小、精度要求不高的 V 形槽，可在卧式铣床上用三面刃铣刀（图 4-1-4）进行铣削。铣削时，先按照图样在工件表面划线，再按划线校正 V 形槽的待加工槽面与工作台台面平行，然后用三面刃铣刀（最好是错齿三面刃铣刀）对 V 形槽面进行铣削。铣完一侧槽面后，重新校正另一侧槽面并夹紧工件，将槽面铣削成形，如图 4-1-5 所示。若槽角等于 90°且尺寸不大的 V 形槽，则可一次校正装夹铣削成形。

▲图 4-1-4 三面刃铣刀

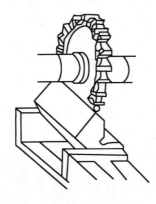

▲图 4-1-5 用三面刃铣刀铣削 V 形槽

项目 四 特形槽的铣削

三面刃铣刀规格见表 4-1-2。

▼表 4-1-2　三面刃铣刀规格

名称与简图	主要技术参数						
	d	D	L		齿数		
			基本尺寸	极限偏差 K11	直齿		错齿
					Ⅰ	Ⅱ	
直齿三面刃铣刀型	50	16	4、5、6	+0.075 0	14	12	12
			8、10	+0.090 0			
	63	22	4、5、6	+0.075 0	16	14	14
			8、10	+0.090 0			
			12、14、16	+0.110 0			12
错齿三面刃铣刀	80	27	5、6	+0.075 0	18	16	16
			8、10	+0.090 0			
			12	+0.110 0			
			14、16、18				14
			20	+0.130 0			
	100	32	6	+0.075 0	20	18	18
			8、10	+0.090 0			
			12、14	+0.110 0			
			16、18				16
			20、22、24	+0.130 0			
	125		8、10	+0.090 0	22	20	20
			12、14、16	+0.110 0			
			18				18

三、V形槽的检测

1. V形槽宽度的检测

V形槽宽度可以用钢直尺或游标卡尺直接检测。

2. V形槽角度的检测

1) 用样板来检测

V形槽角度可通过样板检测。测量时,将样板置于V形槽内,通过观察工件与样板间的缝隙来判断V形槽槽角α是否合格,如图4-1-6所示。

2) 用万能角度尺检测

V形槽角度还可以用万能角度尺进行检测,如图4-1-7所示。检测时,分别测出角度α和β,经计算间接测出V形槽的半槽角α/2。

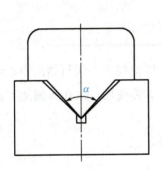

▲图4-1-6 样板检测V形槽

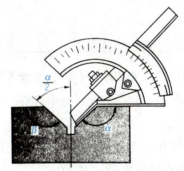

▲图4-1-7 用万能角度尺测量V形槽角度

3) 用标准量棒间接检测V形槽角度

对于精度较高的V形槽,分别测得尺寸H和h,如图4-1-8所示,然后根据下式计算出α的实际值。

$$\sin\frac{\alpha}{2} = \frac{R-r}{(H-r)-(h-r)}$$

式中　R——较大标准量棒的半径,mm;
　　　r——较小标准量棒的半径,mm;
　　　H——较大标准量棒上素线至V形架底面的距离,mm;
　　　h——较小标准量棒上素线至V形架底面的距离,mm。

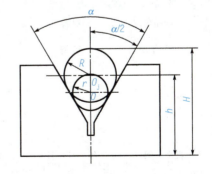

▲图4-1-8 用标准量棒间接检测V形槽角度

3. V形槽对称度的检测

测量时应以工件的两个侧面为基准,在V形槽内放入标准量棒,以V形块一侧面为基

项目 四 特形槽的铣削

准放在平板上,用百分表测出量棒的最高点,然后将工件翻转180°,再检测,如图4-1-9所示。若两次测量的读数值相同,则V形槽的中心平面与V形块的中心平面重合,即两V形面对称于工件中心。两次测量读数值之差就是对称度误差。

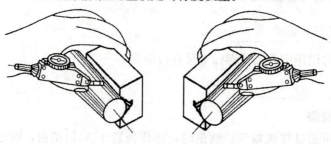

▲图 4-1-9 V形槽对称度的检测

一、V形块的图形分析

V形块主要用来安放轴、套筒、圆盘等圆形工件,以便找中心线与划出中心线。由于V形块其结构简单、制造方便、对中性好、定位可靠、方便使用,故在机械加工过程中常用作定位元件。

领取零件图样、工艺卡,明确本次加工任务的内容。

(1)阅读生产任务单(表4-1-3)。

▼表 4-1-3 生产任务单

单位名称				完成日期	年 月 日	
序号	产品名称	材料	数量	技术标准、质量要求		
1	V形块	45钢	50	按图样要求		
2						
3						
4						
生产批准时间		年 月 日		批准人		
通知任务时间		年 月 日		发单人		
接单时间		年 月 日		接单人	生产班组	铣工组

(2)零件实体图。

参照立体图4-1-10与零件图4-1-1,更好地理解V形块。

▲图 4-1-10 V 形块立体图

(3)通过查阅资料或者观察,说明 V 形块的功用是什么?

(4)图形分析。

如图 4-1-1 所示 V 形块,尺寸为 100 mm×30 mm×60 mm(长×宽×高),无公差要求,考虑到外表面加工的需要留余量 3~5 mm,所以其毛坯尺寸确定为 110 mm×40 mm×70 mm;在两个侧面有三个槽,其中一个槽宽 20 mm,深 8 mm,另外两个槽宽均为 12 mm,槽深是 6 mm,均无公差要求;有三个 V 形槽,其中两个成 90°,工作的两侧面应对称于 V 形槽的中心平面,公差要求是±0.25°,表面粗糙度值是 $Ra3.2\ \mu m$,底部有一工艺槽,深度均为 3 mm,对称于 V 形槽的中心平面,公差要求也是±0.25°,表面粗糙度值是 $Ra3.2\ \mu m$,底部也有一工艺槽,深度是 3 m,对称于 V 形槽的中心平面,与基准底面垂直,工件材料为 45 钢。

思考: 通过读零件图,明确最主要的加工面是哪个?重点考虑的问题是什么?

(5)查表确定加工总余量并以小组为单位绘制毛坯图。零件上下表面余量是_____;零件前后表面余量是_____;零件左右表面余量是_____。

二、V 形块的加工工艺

1. 选择机床及装夹方式

1)选用铣床分析

此工件尺寸较小,常见铣床都能进行加工,可以采用卧式铣床,也可以采用立式铣床与卧式铣床结合进行加工。本 V 形块零件采用常见的 X6132 型卧式万能铣床,如图 4-1-11 所示。

X6132 型卧式万能铣床的底座、机身、工作台、中滑座、升降滑座等主要构件均采用高强度材料而成,并经人工保证机床长期使用的稳定性。

机床主轴轴承为圆锥滚子轴承,主轴采用三支撑结构,主轴的系统刚度好,承载能力强,且主轴采用能耗制动,制动转矩大,停止迅速、可靠。

▲图 4-1-11 X6132 型万能铣床

工作台水平回转角度±45°,拓展机床的加工范围。主传动部分和工作台进给部分均采用齿轮变速结构,调速范围广,变速方便、快捷。

工作台 X/Y/Z 向有手动进给、机动进给和机动快进三种,进给速度能满足不同的加工要求;快速进给可使工件迅速到达加工位置,加工方便、快捷,缩短非加工时间。

X、Y、Z 三方向导轨副经超音频淬火、精密磨削及刮研处理,配合强制润滑,提高精度，延长机床的使用寿命。

润滑装置可对纵、横、垂向的丝杠及导轨进行强制润滑，减小机床的磨损，保证机床的高效运转；同时，冷却系统通过调整喷嘴改变冷却液流量的大小，满足不同的加工需求。

机床设计符合人体工程学原理，操作方便、操作面板均使用形象化符号设计，简单直观。

查一查：通过查阅书籍或者网络完成下列题目。
1. 铣床的安全操作规程是什么？
2. 铣床的维修保养主要有哪几个方面？各自主要有哪些范围？
3. 查找X6132万能铣床的主要技术参数并填表4-1-4。

▼表4-1-4　X6132万能铣床的主要技术参数

名　称	单位	参数	名　称	单位	参数
工作台面尺寸	mm		主轴转速级数		
工作台最大纵向行程(手动∣机动)	mm		主轴转速范围		
工作台最大横向行程(手动∣机动)	mm		工作台进给量级数		
工作台最大垂向行程(手动∣机动)	mm		主电动机功率	kW	
工作台最大回转角度			进给电动机功率	kW	
主轴中心线至工作台面距离	mm		机床外形尺寸	m	
机床重量(净重)	kg				

2) 装夹方式的确定及使用夹具分析

此工件的坯料是长方体，加工精度要求不高，采用机用虎钳装夹就能满足要求。

装夹中需注意V形槽的中心平面应垂直于工件的基准面(底平面)；工件的两侧面应对称于V形槽的中心平面；V形槽窄槽两侧面应对称于V形槽的中心平面。窄槽槽底应略超出V形槽两侧面的延长交线。

2. 刀具选择

1) 外表面的铣削

选用细齿右旋圆柱铣刀，高速钢材料，规格是 $\phi63$ mm×80 mm×$\phi27$ mm，齿数为10。

2) 工艺槽的铣削

工艺槽的铣削与沟槽的铣削方法一样，铣削工艺槽的最大厚度是16 mm，故选用高速钢锯片铣刀，规格为 $\phi100$ mm×3 mm×$\phi27$ mm，齿数为100。

3) V形槽的铣削

无论是哪种角度的V形槽，其铣削原理实际上就是两个不同角度斜面的组合，所以其铣削方法与铣削斜面的方法是相同的，只是技术要求、复杂程度有所不同。图4-1-1所示的 V 形块上的三个 V 形槽分别为 90°、90°和 120°，铣削时为了保证表面粗糙度，分为粗铣和精铣。

最大铣削深度：$a_p = (30-3) \times \sin 45° = 19.1 (mm)$，再考虑精铣留余量 1 mm，所以铣削深度小于 19.1 mm，因此综合前面铣刀的选择分析，选择整体式错齿三面刃铣刀，其规格为 $\phi 80 \text{ mm} \times \phi 27 \text{ mm} \times 20 \text{ mm}$，齿数为 14。粗铣、精铣使用同一把刀，刀具材料为硬质合金。

4) 直槽的铣削

20 mm 宽的直槽可以借用整体式错齿三面刃铣刀铣削完成，也可以选用槽铣刀铣削。槽铣刀选用尖齿槽铣刀，其规格为 $\phi 80 \text{ mm} \times \phi 27 \text{ mm} \times 12 \text{ mm}$，齿数为 18，材料为高速钢。

3. 铣削参数的确定

1) 铣削平面参数的确定（圆柱铣刀）

查表选取 $v_c = 20$ mm/min，以 $f_z = 0.1$ mm/齿 进行铣削，则主轴的转速及进给速度分别是

$$n = \frac{1\,000 v_c}{\pi D} = \frac{1\,000 \times 20}{3.14 \times 63} \approx 101 (\text{r/min})$$

根据机床铭牌，选用 $n = 95$ r/min，则

$$v_f = f_z z n = 0.1 \times 10 \times 95 = 95 (\text{mm/min})$$

故实际在 X6132 型铣床上采用 95 r/min 和 95 mm/min。

2) 铣削工艺槽参数的确定（锯片铣刀）

查表选取 $v_c = 15$ mm/min，以 $f_z = 0.03$ mm/齿 进行铣削，则主轴的转速及进给速度分别是

$$n = \frac{1\,000 v_c}{\pi D} = \frac{1\,000 \times 15}{3.14 \times 100} \approx 47 (\text{r/min})$$

根据机床铭牌，选用 $n = 50$ r/min，则

$$v_f = f_z z n = 0.03 \times 100 \times 50 = 150 (\text{mm/min})$$

故实际在 X6132 型铣床上采用 50 r/min 和 150 mm/min。

3) 铣削 V 形槽参数的确定（错齿三面刃铣刀）

粗铣时，查表选取 $v_c = 120$ mm/min，以 $f_z = 0.005$ mm/齿 进行铣削，则主轴的转速及进给速度分别是

$$n = \frac{1\,000 v_c}{\pi D} = \frac{1\,000 \times 120}{3.14 \times 80} \approx 477 (\text{r/min})$$

根据机床铭牌，选用 $n = 470$ r/min，则

$$v_f = f_z z n = 0.005 \times 14 \times 470 = 32.9 (\text{mm/min})$$

故实际在 X6132 型铣床上采用 470 r/min 和 40 mm/min。

精铣时，查表选取 $v_c = 190$ mm/min，以 $f_z = 0.003$ mm/齿 进行铣削，则主轴的转速

项目四 特形槽的铣削

及进给速度分别是

$$n=\frac{1\,000v_c}{\pi D}=\frac{1\,000\times190}{3.14\times80}\approx756(\text{r/min})$$

根据机床铭牌,选用 $n=760$ r/min,则

$$v_f=f_z z n=0.003\times14\times760=31.9(\text{mm/min})$$

故实际在 X6132 型铣床上采用 760 r/min 和 40 mm/min。

4) 铣削直槽参数的确定(槽铣刀)

查表选取 $v_c=20$ mm/min,以 $f_z=0.008$ mm/齿 进行铣削,则主轴的转速及进给速度分别是

$$n=\frac{1\,000v_c}{\pi D}=\frac{1\,000\times20}{3.14\times80}\approx79.6(\text{r/min})$$

根据机床铭牌,选用 $n=75$ r/min,则

$$v_f=f_z z n=0.008\times14\times75=8.4(\text{mm/min})$$

故实际在 X6132 型铣床上采用 75 r/min 和 8 mm/min。

4. 加工路线的确定

根据分析,此工件的加工路线是:铣削外表面→铣削工艺槽→铣削 V 形槽→铣削直槽。

三、V 形槽铣削工艺卡编制

(1)V 形槽的工艺准备见表 4-1-5。

▼表 4-1-5　V 形槽的工艺准备

内　容	准备说明	图　示
准备毛坯	保证尺寸 110 mm、70 mm	
铣刀的选择	(1)用细齿右旋圆柱铣刀,高速钢材料,规格是 $\phi63$ mm×80 mm×$\phi27$ mm,齿数为 10。 (2)高速钢锯片铣刀,规格为 $\phi100$ mm×3 mm×$\phi27$ mm,齿数为 100。 (3)形槽用整体式错齿三面刃铣刀,其规格为 $\phi80$ mm×$\phi27$ mm×20 mm,齿数为 14。刀具材料为硬质合金。 (4)尖齿槽铣刀,其规格为 $\phi80$ mm×$\phi27$ mm×12 mm,齿数为 18,材料为高速钢	
设备选用	X6132 万能铣床	

（2）V形槽加工工艺卡见表4-1-6。

▼表 4-1-6　V形槽加工工艺卡

工　步	说　明	示意图
铣削外表面	保证尺寸 100 mm、60 mm，并检查平面度和垂直度	
划线	使用平台、高度尺和方箱按零件图尺寸在铣削好的长方体上划线并仔细核对	
安装工件	安装校正平口钳，并装夹工件	
铣削工艺槽 1、2、3	保证槽宽尺寸 3 mm，槽深尺寸 12 mm、16 mm、8 mm	
粗铣V形槽1 精铣V形槽1	1. 粗铣V形槽1：调整主轴转速为 470 r/min，进给速度为 40 mm/min（留余量 1 mm）；工件按所划线调整水平（垂直），夹紧；更换铣刀。 2. 由于此V形槽为 90°，也可以一次装夹铣削完成。 3. 精铣V形槽：调整主轴转速为 760 r/min，进给速度为 40 mm/min。边铣削边检测，直到满足加工要求为止	
粗铣V形槽2 精铣V形槽2	1. 粗铣V形槽2：调整主轴转速为 470 r/min，进给速度为 40 mm/min（留余量 1 mm）；工件按所划线调整水平（垂直），夹紧。 2. 由于此V形槽为 90°，可以一次装夹铣削完成。 3. 精铣V形槽：调整主轴转速为 760 r/min，进给速度为 40 mm/min。边铣削边检测，直到满足加工要求为止	

续表

工　步	说　明	示意图
粗铣V形槽3的A面	1. 粗铣V形槽3的A面：调整主轴转速为470 r/min，进给速度为40 mm/min（留余量1 mm）；工件按所划线调整水平（垂直），夹紧。 2. 由于此V形槽为120°，因此只能分两次装夹铣削。 3. 精铣V形槽A面：调整主轴转速为760 r/min，进给速度为40 mm/min。边铣削边检测，直到满足加工要求为止	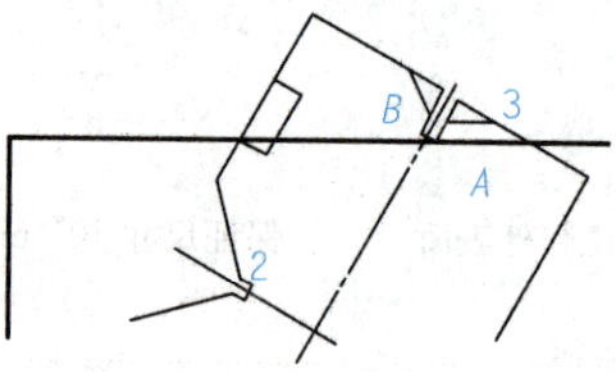
精铣V形槽3的A面		
粗铣V形槽3的B面	1. 粗铣V形槽3的B面：调整主轴转速为470 r/min，进给速度为40 mm/min（留余量1 mm）；工件按所划线调整水平（垂直），夹紧。 2. 由于此V形槽为120°，因此只能分两次装夹铣削。 3. 精铣V形槽B面：调整主轴转速为760 r/min，进给速度为40 mm/min。边铣削边检测，直到满足加工要求为止	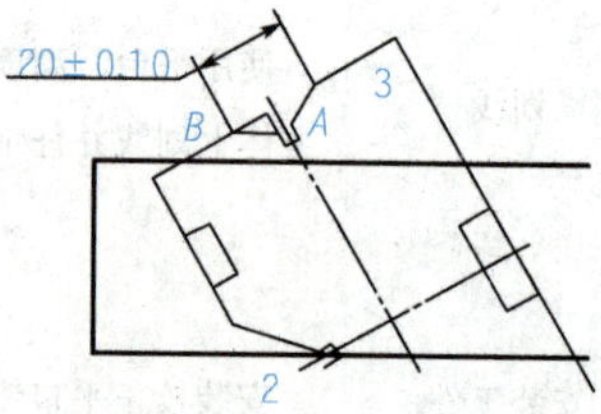
精铣V形槽3的B面		
铣削直槽1	1. 调整主轴转速为75 r/min，进给速度为8 mm/min。 2. 工件装夹水平。 3. 更换槽铣刀，对刀。 4. 此槽的宽度大于铣刀宽度，需两次铣削。 5. 边铣削边检测，直到满足加工要求为止	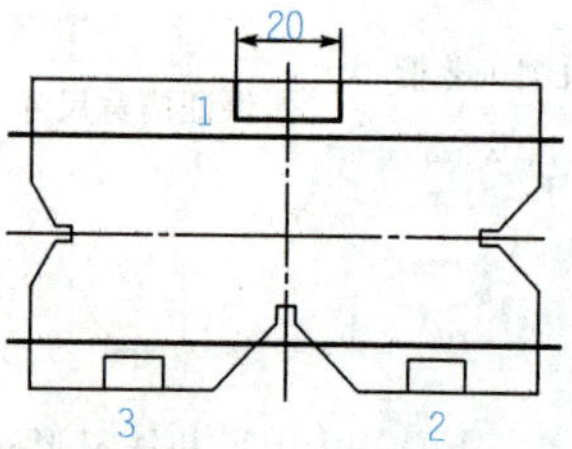
铣削直槽2、3	1. 重新装夹工件至图示位置，调整水平，夹紧。 2. 对刀。 3. 两个槽的槽宽都与槽铣刀相等，一次铣削完成。 4. 检测，至满足加工要求为止。 5. 机床保养与清洁	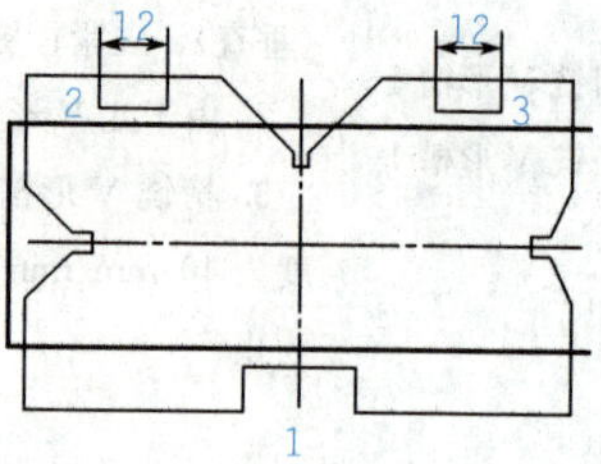

四、学生加工

1. 工、量、夹、刀具的准备

通过对V形块的工艺分析及查阅资料和学习，完成下面的表格任务。

(1)查阅资料完成表 4-1-7。

▼表 4-1-7　各种工具用途

名　称	图　形	用途和应用场合

(2)在教师指导下,结合工艺卡,填写需领取的工、量、刀具清单(表 4-1-8)。

▼表 4-1-8　工、量、刀具清单

序　号	工、量、刀具名称	规　格	数　量	需领用

2. 填写领料单(表 4-1-9)并领取材料

▼表 4-1-9　领料单

领用部门：

领料日期：　年　月　日　　　　　　发料日期：　年　月　日

序　号	材料名称	规　格	数　量	实际数量	备　注	领用人确认

库管员：

3. 填写工、量、刀具清单(表 4-1-10)并领取工量、刀具

▼表 4-1-10　工、量、刀具清单

刀具			
名　称	规格型号	数量(刀片)	备　注

续表

工、量具			
名 称	规格型号	数 量	备 注

4. 完成工序卡片

做一做：根据表 4-1-6 来填写加工工序卡片（表 4-1-11）。

▼表 4-1-11　加工工序卡片

加工工序卡片					
产品名称或代号		零件名称		零件图号	
工艺序号		程序编号	夹具名称编号	使用设备	材料
工步	工步内容	刀具号	刀具名称规格	主轴转速	进给速度	背吃刀量	备注
编制		审核批准			共 页 第 页	

5. 按照工序卡片加工

五、V形块的检测及误差分析

1. 检测并填写结果

用游标卡尺、刀口形直尺、千分尺、百分表、90°角尺、万能角度尺、塞规等常用量具检验平面、斜面等。

按照表 4-1-12 进行检测，并填写检测结果。

▼表 4-1-12　加工质量检测标准

序号	考核项目	考核内容及要求	配分	评分标准	检测结果	扣分	得分	备注
1	尺寸	3 mm（三处）	9	超差 0.3 mm 扣 1 分，每增加 0.1 mm 扣 1 分				
2		12 mm、8 mm、16 mm（工艺槽）	9					
3		72 mm、48 mm、20 mm、100 mm、30 mm	12					
4		6 mm（两处）、8 mm（直槽）	6					
5		（20±0.1）mm（两处）	6	超差 0.01 mm 扣 2 分				
6		（30±0.1）mm	3	超差 0.01 mm 扣 2 分				
7		90°±0.25°（两处）	6	超差 0.01° 扣 2 分				
8		120°±0.25°	3	超差 0.01° 扣 2 分				
9		V 形槽相对于两个侧面对称度偏差≤0.1 mm	15	超差 0.01 mm 扣 2 分				
10		$Ra3.2\ \mu m$（6 处）	12	降一级扣 1 分				
11	外形	加工的工件外形是否正确		结构错一处扣 10 分				
12	安全文明生产	着装是否规范	4	现场考评				
13		刀具、工具、量具的放置是否规范						
14		工件装夹、刀具按照是否规范						
15		量具的正确使用						
16		加工完成后对设备的保养及周围环境卫生的保持和清洁						

续表

序号	考核项目	考核内容及要求	配分	评分标准	检测结果	扣分	得分	备注
17	机床的规范操作	开机检查和开机顺序是否正确	5	现场考评				
18		正确执行对刀操作						
19	工艺及编制	工件定位和夹紧方式合理、可靠	10	现场考评				
20		工艺路线合理,无原则性错误						
21		刀具及切削参数选择要合适						

2. 质量分析与注意事项

1)槽宽不一致

(1)产生原因:

①工件上平面与工作台不平行。

②工件装夹不牢固,铣削时产生位移。

(2)解决措施:

①工件装夹后,一定要校正其上平面与工作台的平行度。

②认真装夹工件,并使铣削力朝向固定钳口。

2)对称度超差

(1)产生原因:

①刀具角度不正确。

②工件上表面未校正。

(2)解决措施:

①先在工件上划出加工线,并进行试铣试测。

②使用精度较好的量具进行检测,并注意测量方法。

3)V形槽角度不正确或不对称

(1)产生原因:

①刀具角度不正确。

②工件上表面未校正。

(2)解决措施:

①选用合格的铣刀,安装前应检测铣刀角度、圆跳动等。

②用百分表校正工件上表面与工作台台面的平行度。

4)V形槽与工件两侧面不平行

产生原因:

①固定钳口与纵向进给方向不平行(或不垂直)。
②擦净工件、固定钳口和钳体导轨。

5) 注意事项
①所垫平行垫铁的厚度不能太高，以防止铣削时工件被拉出钳口。
②安装铣刀前应擦净铣刀孔径端面和铣刀杆垫圈端面。
③铣刀安装后应检测其端面圆跳动，应控制在 0.05 mm 以内。

任务评价

一、个人、小组评价

1. 请分层次概要总结出你在本次任务实施过程中有哪些收获。
2. 分组展示小组学习过程中的收获。
3. 思考一下，学习本任务对今后学习加工其他类型的槽有何帮助。

二、教师评价

教师对各小组任务完成情况分别做评价。
(1) 找出各组的优点进行点评。
(2) 对任务完成过程中各组的缺点进行点评，提出改进方法。
(3) 对整个任务完成中出现的亮点和不足进行点评。

三、任务实施

任务实施后，完成评价表(表 4-1-13)。

▼表 4-1-13　任务评价表

组别				小组负责人			
成员姓名				班级			
课题名称				实施时间			
评价类别	评价内容		评价标准	配分	个人自评	小组评价	教师评价
学习准备	课前准备		资料收集、整理、自主学习	10			
学习过程	信息收集		能收集有效的信息	10			
	任务完成		加工质量检测标准得分	25			

项 目 四 特形槽的铣削

续表

评价类别	评价内容	评价标准	配分	个人自评	小组评价	教师评价
学习过程	问题探究	能在加工生产中发现问题，并用理论知识解释问题	10			
	文明生产	服从管理，遵守校规、校纪和安全操作规程	10			
学习拓展	知识迁移	能实现前后知识的迁移	5			
	应变能力	能举一反三，提出改进建议或方案	5			
	创新程度	有创新建议提出	5			
学习态度	主动程度	主动性强	5			
	合作意识	能与同伴团结协作	5			
	严谨细致	认真仔细，不出差错	10			
总 计			100			
教师总评（成绩、不足及注意事项）						
综合评定等级（个人30%、小组30%、教师40%）						

任课教师：_____　　　　年　月　日

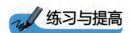

一、简答题

1. X6132万能铣床有哪些优点？
2. V形槽的检测有哪些方法？
3. V形槽角如果不正确、不对称，是什么原因造成的？如何解决？

二、操作实训题

如图4-1-12所示，在零件上需要加工两个T形槽，根据图示选择坯料，设定加工工艺并加工，材料为45钢。

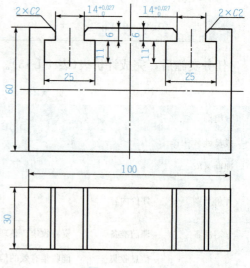

▲图4-1-12　练习

任务 2 T 形槽的铣削

T 形槽主要用于机床工作台或夹具中,作为定位槽或用于安装 T 形螺栓以夹紧工件,如图 4-2-1 所示。

▲图 4-2-1 铣床工作台 T 形槽

🔍 任务目标

1. 掌握 T 形槽铣刀铣削 T 形槽的方法。
2. 正确选用铣削 T 形槽的铣刀和切削用量。
3. 正确确定 T 形槽工件的铣削工艺设计。
4. 掌握检测 T 形槽的宽度、槽深等尺寸及精度。
5. 分析 T 形槽工件铣削时的质量问题。

🔍 任务描述

使用铣床加工 T 形槽板,毛坯尺寸为 62 mm×47 mm×32 mm,如图 4-2-2 所示。通过分析图样,根据工件材料的加工特性选择加工机床和加工工具、夹具,确定加工参数,设计加工工艺卡,按工艺卡实施加工和检验。T 形槽为直通 T 形槽,其宽度为 $16_{\ 0}^{+0.02}$ mm,表面粗糙度为 $Ra3.2\ \mu m$,材料为 45 钢,没有热处理。

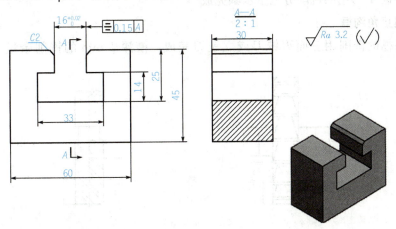

▲图 4-2-2 T 形槽板

项目 四 特形槽的铣削

🔧 任务资讯

T形槽有两端穿通和不穿通两种形式,但其基本结构形式一致,都由直角槽和底槽组成,只是不穿通T形槽铣削前应先钻出落刀孔,落刀孔的直径应大于T形槽铣刀切削部分的直径。图4-2-3所示为不穿通T形槽落刀孔。

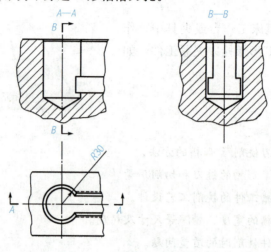

▲图 4-2-3 不穿通 T 形槽落刀孔

T形槽的铣削方法

1. 两端穿通 T 形槽的铣削

两端穿通 T 形槽的铣削分三个步骤完成。

1)铣削直角沟槽

直角沟槽的铣削用三面刃铣刀或立铣刀完成,槽深 1 mm 的铣削余量,如图 4-2-4 所示。

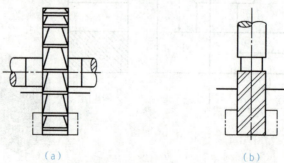

▲图 4-2-4 铣削直角沟槽

(a)用三面刃铣刀铣削直角沟槽;(b)用立铣刀铣削直角沟槽

2)铣削底槽

卸下三面刃铣刀或立铣刀,安装 T 形槽铣刀,对刀,调整好铣削层深度,选用合理的铣削用量,铣削 T 形槽,如图 4-2-5 所示。铣削时先用手动进给,待铣刀有 1/2 以上进入工件后再改用机动进给,同时要加注切削液。

3)槽口倒角

底槽铣削完毕,可用角度铣刀或用旧的立铣刀修磨的专用倒角铣刀为槽口倒角,如图 4-2-6 所示。

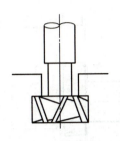

▲图 4-2-5　铣削 T 形槽

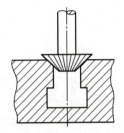

▲图 4-2-6　铣削槽口倒角

倒角时,铣刀的外径应根据直角宽度选用,铣刀的角度与图样标示的倒角角度应一致。其次,槽底铣削好后,看一看横向工作台是否移动,如果没有,则不需要对刀。再次选用合适的铣削用量,根据图样标示的倒角大小,调整好铣削深度,开动机床一次进给完成。

铣削 T 形槽时对刀方法有切痕对刀和圆棒对刀两种。

(1)切痕对刀。调整机床各工作手柄,使 T 形槽铣刀端面与底槽面平齐,开动机床,使铣刀在直角沟槽两侧各切出一个切痕,停机检测,如果两侧切痕相同,即铣刀的位置已对准了。

(2)圆棒对刀。将直径等于直角沟槽宽度的一根圆棒装夹在铣刀夹头内,转动主轴,圆棒能顺利进入沟槽内而不与槽两侧面相摩擦,主轴即与直角沟槽已对准,如图 4-2-7 所示,然后换下立铣头,换上 T 形槽铣刀便可铣削。

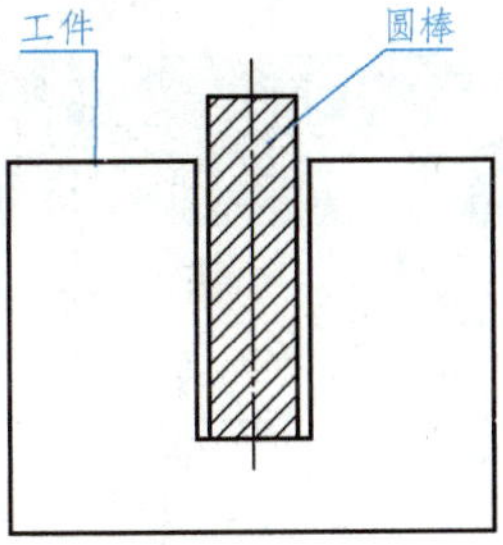

2. 不穿通 T 形槽的铣削

不穿通 T 形槽,铣削操作方法如下:

(1)钻落刀孔。根据不穿通 T 形槽的基本尺寸,选择合适的麻花钻钻落刀孔。

▲图 4-2-7　圆棒对刀

(2)铣削直角槽。选择合适的立铣刀,在两落刀孔间铣削出直角沟槽。

(3)铣削 T 形槽底。选择合适的 T 形槽铣刀,在落刀孔处落刀,铣削出 T 形槽底。

(4)槽口倒角。拆下 T 形槽铣刀,装上倒角铣刀倒角。

3. 铣刀的选择

铣削 T 形槽时可选择三面刃铣刀和立铣刀铣削直角沟槽,底槽则选择 T 形铣刀铣削,其基本尺寸应按 T 形槽的基本尺寸选择，即颈部直径应略小于直角沟槽尺寸，铣刀厚度和宽度应小于或等于底槽高度和宽度。国家标准规定 T 形槽直角沟槽的宽度尺寸 A 为 T 形槽的基本尺寸，所以 T 形槽铣刀的尺寸规格与尺寸 A 是相配套的，国家标准《T 形槽铣刀形式和尺寸》(GB/T 6124—2007)中对加工《机床工作台 T 形槽和相应螺栓》(GB/T 158—1996)中规定的尺寸 A 为 5～36 mm 的 T 形槽所用的普通直柄 T 形槽铣刀和削平直柄 T 形槽铣刀进行了标准化。直柄 T 形槽铣刀的结构如图 4-2-8 所示，T 形槽铣刀的尺寸规格见表 4-2-1。

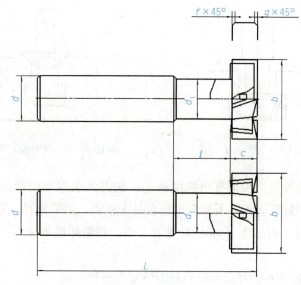

▲图 4-2-8　直柄 T 形槽铣刀的结构

▼表 4-2-1　T 形槽铣刀的尺寸规格　　　　　　　　　　　　　　mm

b h12	c h12	d_1 max	L_0^{+1}	d	L js18	f max	g max	A
11	4.5	4	10	10	53.5	0.6	1.0	5
12.5	6	5	11		57			6
16	8	7	14		62			8
18	8	8	17	12	70			10
21	9	10	20		74		1.6	12
25	11	12	23	16	82			14
32	14	15	28	16	90			18
40	18	19	34	25	108	1.0	2.5	22
50	22	25	32	32	124			28
60	28	30	51	32	139			36

任务实施

一、T形槽板的加工步骤

1. 铣削直角沟槽

T形槽上的直角沟槽为T形槽的基准槽,应在加工底槽前将其用三面刃铣刀或立铣刀铣削出。如图4-2-2 所示的T形槽直角沟槽的宽度为 $16^{+0.02}_{0}$ mm,故现可用 $\phi14$ mm 的立铣刀通过扩刀法将其铣出,如图4-2-9所示,直角沟槽的深度可留 0.5 mm 的余量,待加工槽底时一并铣出。切削用量的选择:$n=250$ r/min;进给量 $f=30$ mm/min,直角槽分三次铣削完成,$a_{p1}=11$ mm,$a_{p2}=7$ mm,$a_{p3}=6$ mm。

▲图4-2-9 用立铣刀铣削直角沟槽

2. 铣削T形槽的槽底

如图4-2-10所示,T形槽的槽底需用专用的T形槽铣刀铣削。铣削槽底时,要按图样上的要求来选用适当规格的T形槽铣刀(柄部直径要小于直角沟槽宽度,切削部分直径和厚度与底槽尺寸相符合)。

▲图4-2-10 铣削T形槽的槽底

由图4-2-2可知,要加工的T形槽公称尺寸为 $16^{+0.02}_{0}$ mm。由表4-2-1 T形槽铣刀的尺寸规格查得,应选择柄部直径 d_1 为 15 mm,切削部分的厚度为 14 mm、直径为 32 mm 的T形槽铣刀进行铣削。切削用量选择:$n=1\,180$ r/min,进给量 $f=23.5$ mm/min。

3. 铣削槽口倒角

底槽铣削完毕,可用角度铣刀或用旧的立铣刀修磨的专用倒角铣刀为槽口倒角,如图4-2-11所示。切削用量选择:$n=235$ r/min,$f=47.5$ mm/min。

▲图4-2-11 铣削槽口倒角

4. 检测 T 形槽

检测 T 形槽时，槽的宽度、槽深以及底槽与直角沟槽的对称可用游标卡尺进行测量，其直角沟槽对工件基准面的平行度可在平板上用杠杆百分表进行检测。

二、T 形槽加工的注意事项

（1）铣削 T 形槽底槽时，铣刀的切削部分埋在工件内，产生的切屑容易将铣刀的容屑槽塞满，从而使铣刀失去铣削能力，以至于铣刀折断。因此应经常退刀，并及时清理切屑。

（2）铣削时的切削热因排屑不畅而不易散发，使切屑区域的温度不断提高，容易使铣刀因受热退火而丧失切削能力，所以，在铣削钢件时应充分浇注切削液。

（3）由于 T 形槽铣刀刃口较长，承受的切削阻力也大且铣刀的颈部直径较小很容易因受力过大而折断，因此，应选用较低的进给速度和切削速度，并随时考察铣削情况，避免冲击性铣削。

（4）为了改善铣屑排出的条件，并减小铣刀与槽底的摩擦，在设计和工艺人员的允许的前提下，可将直角槽铣削深些，使最后所得的 T 形槽槽底不平，这种形状的 T 形槽并不影响其使用性能。

任务评价

工件加工结束后，参照表 4-2-2 T 形槽板评分表进行打分。

▼表 4-2-2　T 形槽板评分表

工件名称		T 形槽板		总得分		
项目与配分	序号	技术要求	配分	评分标准	检测记录	得分
工件加工评分	1	$16^{+0.02}_{0}$ mm	15	超差 0.01 mm 扣 2 分		
	2	60 mm	5	超差 0.01 mm 扣 2 分		
	3	45 mm	5	超差 0.01 mm 扣 2 分		
	4	14 mm	5	超差 0.01 mm 扣 2 分		
	5	25 mm	5	超差 0.01 mm 扣 2 分		
	6	33 mm	5	超差 0.01 mm 扣 2 分		
	7	对称度 ±0.15	10	超差 0.01 mm 扣 2 分		
	8	$Ra3.2\ \mu m$	4×2	每错一处扣 1 分		
	9	$Ra3.2\ \mu m$	6×2	每错一处扣 1 分		
	10	按时完成无缺陷	5	超差全扣		

续表

工件名称		T形槽板		总得分		
项目与配分	序号	技术要求	配分	评分标准	检测记录	得分
工艺过程	11	加工工艺卡	10	不合理每处扣2分		
机床操作	12	机床操作规范	5	出错一次扣2分		
		工件、刀具装夹	5	出错一次扣2分		
安全文明生产	13	安全操作 机床整理	5	安全事故停止操作或酌情扣分		

练习与提高

使用铣床加工T形槽板，其毛坯尺寸48 mm×38 mm×93 mm，如图4-2-12所示。通过分析图样，根据工件材料的加工特性选择加工机床和加工工具、夹具，确定加工参数，设计加工工艺卡，按工艺卡实施加工和检验。

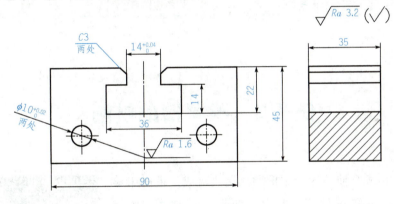

▲图4-2-12 T形槽工件

工件加工结束后，参照表4-2-3进行打分。

▼表4-2-3 T形槽板评分表

工件名称		T形槽板		总得分		
项目与配分	序号	技术要求	配分	评分标准	检测记录	得分
工件加工评分	1	$14_{0}^{+0.04}$ mm	10	超差0.01 mm扣2分		
	2	14 mm	5	超差0.01 mm扣2分		
	3	22 mm	5	超差0.01 mm扣2分		
	4	36 mm	5	超差0.01 mm扣2分		
	5	90 mm	5	超差0.01 mm扣2分		

项目四 特形槽的铣削

续表

工件名称		T形槽板		总得分		
项目与配分	序号	技术要求	配分	评分标准	检测记录	得分
工件加工评分	6	45 mm	5	超差0.01 mm扣2分		
	7	35 mm	5	超差0.01 mm扣2分		
	8	C3（两处）	2×2	超差0.01 mm扣2分		
	9	$\phi 10^{+0.02}_{0}$ mm	4×2			
	10	$Ra1.6\ \mu m$	3×2	每错一处扣1分		
	11	$Ra3.2\ \mu m$	6×2	每错一处扣1分		
	12	按时完成无缺陷	5	超差全扣		
工艺过程	13	加工工艺卡	10	不合理每处扣2分		
机床操作	14	机床操作规范	5	出错一次扣2分		
		工件、刀具装夹	5	出错一次扣2分		
安全文明生产	15	安全操作 机床整理	5	安全事故停止操作或酌情扣分		

任务3　燕尾槽的铣削

燕尾结构由配合使用的燕尾槽和燕尾块组成，是机床导轨与运动副间常用的一种结构形式，如图4-3-1所示。由于燕尾结构中的燕尾槽和燕尾块之间有相对的直线运动，对其角度、宽度、深度有较高的精度要求，尤其对其斜面的平面度要求更高，且表面粗糙度Ra值要小。

高精度的燕尾机构，将燕尾槽与燕尾块一侧的斜面制成与相对直线运动方向倾斜，即带斜度的燕尾机构，配以带有斜度的镶条，可以准确地进行间隙的调整，如铣床的纵向和升降导轨都采用这种结构形式。燕尾槽的角度中最常用的为55°和60°，此外燕尾槽的角度还有45°和50°等其他角度。

▲图4-3-1　燕尾结构

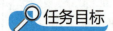任务目标

1. 掌握用燕尾槽铣刀铣削燕尾槽的方法。

2. 正确选用铣削燕尾槽的铣刀和切削用量。
3. 正确确定燕尾槽工件的铣削工艺设计。
4. 掌握燕尾槽检测方法和计算。
5. 分析燕尾槽工件铣削时的质量问题。

任务描述

使用铣床加工燕尾槽板,毛坯尺寸为 32 mm×37 mm×82 mm,如图 4-3-2 所示。通过分析图样,根据工件材料的加工特性选择加工机床和加工工具、夹具,确定加工参数,设计加工工艺卡,按工艺卡实施加工和检验。燕尾槽的深度为 $14_{-0.07}^{0}$ mm,燕尾槽的槽底宽度为 43.86 mm,燕尾槽的对称度公差 0.05 mm,两侧的表面粗糙度为 $Ra1.6\ \mu m$,材料为 45 钢,没有热处理。

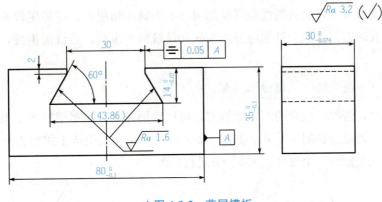

▲图 4-3-2　燕尾槽板

任务资讯

一、铣刀的选择

用来加工燕尾槽的铣刀有燕尾槽铣刀和反燕尾槽铣刀,燕尾槽铣刀切削部分的形状与单角铣刀相似,应根据燕尾槽的角度选择相同角度的铣刀,且铣刀的锥面宽度应大于燕尾槽斜面的宽度。

二、燕尾槽和燕尾块的铣削方法

1. 用燕尾槽铣刀铣削燕尾槽和燕尾块的方法

燕尾槽和燕尾块的铣削都分成两个步骤,先铣出直角槽或台阶,再铣出燕尾槽或燕尾块，如图 4-3-3 所示。

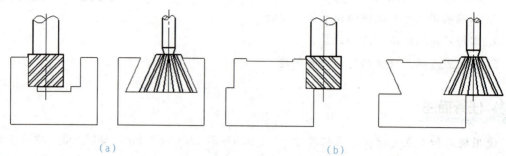

▲图 4-3-3　燕尾槽及燕尾块的铣削
(a)铣削燕尾槽；(b)铣削燕尾块

铣削直角沟槽时，槽深度预留 0.5 mm。燕尾槽和燕尾块的铣削条件与铣削 T 形槽时大致相同，但铣刀刀尖处的铣削性和强度都很差。为减小切削力，应采用较低的切削速度和进给速度并及时退刀排屑。铣削应分为粗铣和精铣两步进行。若铣削钢件，还应充分浇注冷却液。

2. 用单角铣刀铣削燕尾槽和燕尾块的方法

单件生产时，若没有适合的燕尾槽铣刀，可用廓形角 θ 与燕尾槽槽角 β 相等的单角铣刀代替燕尾槽铣刀进行铣削，其方法如图 4-3-4 所示。在立式铣床上用短刀杆安装单角铣刀，通过使立铣头倾斜一个角度 $\alpha = 90° - \beta$ 进行铣削。

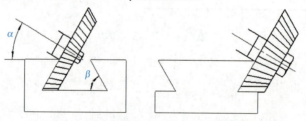

▲图 4-3-4　用单角铣刀铣削燕尾槽和燕尾块的方法

3. 铣削斜燕尾槽的方法

铣削带有斜度的燕尾槽或燕尾块时，如图 4-3-5 所示，可先铣出无斜度的一侧，再将工件重新装夹并校正，按规定的斜度调整到与进给方向成一斜度，铣削其带有斜度的另一侧面。

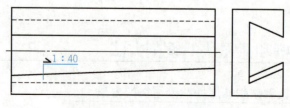

▲图 4-3-5　带有斜度的燕尾槽

三、燕尾槽的检测

(1)燕尾槽的槽角 α 可用万能角度尺或样板进行检测,如图 4-3-6 所示。

(2)燕尾槽的深度可用游标卡尺或游标高度尺进行检测,如图 4-3-7 所示。

(3)由于燕尾槽有空刀槽或倒角,其宽度尺寸无法直接进行检测,通常采用标准量棒进行间接检测,如图 4-3-8 所示。

▲图 4-3-6 用万能角度尺检测燕尾槽的槽角　　▲图 4-3-7 用游标卡尺检验燕尾槽的深度　　▲图 4-3-8 用标准量棒间接检验燕尾槽的宽度

任务实施

燕尾槽的加工工艺过程

1. 铣削直通槽

找正机床用平口钳的固定钳口与纵向进给方向平行,夹紧工件。由于该工件上燕尾槽的槽口有一段宽 2 mm 的直角边,故应该选择直径小于槽宽尺寸的立铣刀,分粗铣、精铣将槽深铣至 13.5 mm,再将槽口尺寸扩铣至 30 mm。

2. 粗铣燕尾槽

选择一把直径为 32 mm(直径一定要小于 37 mm)、角度为 60°、刃口宽度大于 15 mm(大于燕尾槽斜面的宽度)的燕尾槽铣刀进行铣削。

安装好铣刀后将主轴转速调到 235 r/min,开动铣床让主轴旋转,调整工作台,使铣刀底齿与原直角沟槽的底面相切,按划线调整纵向位置,留 0.5 mm 左右的余量,横向进给先铣出一侧燕尾槽,再调整位置铣出另一侧,如图 4-3-9 所示。

3. 检测燕尾槽

燕尾槽槽底的宽度为 43.86 mm,按照要求应采用两根直径为 8 mm 的标准量棒进行检测，检测时的内侧尺寸应为 22 mm，图 4-3-10 所示。

▲图 4-3-9 燕尾槽的铣削

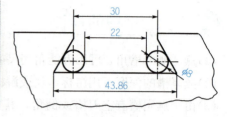
▲图 4-3-10 用标准量棒间接测量燕尾槽的宽度

4. 精铣燕尾槽

检测后，根据采用标准量棒间接测得的实际尺寸，调整工件精铣时的铣削用量，通过向两侧扩铣，精铣燕尾槽至尺寸即可。

任务评价

工件加工结束后，参照表 4-3-1 燕尾槽板评分表进行打分。

▼表 4-3-1 燕尾槽板评分表

工件名称		燕尾槽板		总得分		
项目与配分	序号	技术要求	配分	评分标准	检测记录	得分
工件加工评分	1	$14_{-0.07}^{0}$ mm	10	超差 0.01 mm 扣 2 分		
	2	$85_{-0.1}^{0}$ mm	5	超差 0.01 mm 扣 2 分		
	3	$35_{-0.1}^{0}$ mm	5	超差 0.01 mm 扣 2 分		
	4	$3_{-0.074}^{0}$ mm	5	超差 0.01 mm 扣 2 分		
	5	30 mm	5	超差 0.01 mm 扣 2 分		
	6	2 mm（两处）	5	超差 0.01 mm 扣 2 分		
	7	60°（两处）	10	超差 0.01 mm 扣 2 分		
	8	对称度 0.05	5	超差 0.01 mm 扣 2 分		
	9	$Ra1.6\ \mu m$	4×2	每错一处扣 1 分		
	10	$Ra3.2\ \mu m$	6×2	每错一处扣 1 分		
	11	按时完成无缺陷	5	超差全扣		
工艺过程	12	加工工艺卡	10	不合理每处扣 2 分		
机床操作	13	机床操作规范	5	出错一次扣 2 分		
		工件、刀具装夹	5	出错一次扣 2 分		
安全文明生产	14	安全操作 机床整理	5	安全事故停止操作或酌情扣分		

练习与提高

使用铣床加工燕尾槽板,其毛坯尺寸 42 mm×38 mm×93 mm,如图 4-3-11 所示。通过分析图样,根据工件材料的加工特性选择加工机床和加工工具、夹具,确定加工参数,设计加工工艺卡,按工艺卡实施加工和检验。

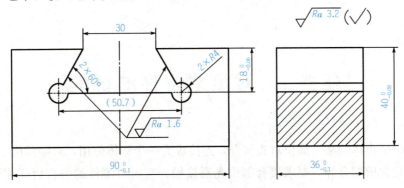

▲图 4-3-11 燕尾槽板

工件加工结束后,参照表 4-3-2 燕尾槽板评分表进行打分。

▼表 4-3-2 燕尾槽板评分表

工件名称		燕尾槽板		总得分		
项目与配分	序号	技术要求	配分	评分标准	检测记录	得分
工件加工评分	1	$18_{-0.06}^{0}$ mm	15	超差 0.01 mm 扣 2 分		
	2	$90_{-0.1}^{0}$ mm	5	超差 0.01 mm 扣 2 分		
	3	$36_{-0.1}^{0}$ mm	5	超差 0.01 mm 扣 2 分		
	4	$40_{-0.08}^{0}$ mm	5	超差 0.01 mm 扣 2 分		
	5	30 mm	10	超差 0.01 mm 扣 2 分		
	6	60°(两处)	10	超差 0.01 mm 扣 2 分		
	7	$Ra1.6$ μm	4×2	每错一处扣 1 分		
	8	$Ra3.2$ μm	6×2	每错一处扣 1 分		
	9	按时完成无缺陷	5	超差全扣		
工艺过程	10	加工工艺卡	10	不合理每处扣 2 分		
机床操作	11	机床操作规范	5	出错一次扣 2 分		
		工件、刀具装夹	5	出错一次扣 2 分		
安全文明生产	12	安全操作 机床整理	5	安全事故停止操作或酌情扣分		

项目五

组合件的铣削

任务 1　对接组合件的铣削

对接指两个物体的某一部位对头接合，连接成为一个整体使用，对接部位一般是 V 形槽配合、直角沟槽配合等，要求接合部位光滑接触，有时对零件的组合后间隙要求较高，一般不大于 0.10 mm。

任务目标

1. 掌握对接组合件的装夹与铣削方法。
2. 会正确选用铣削对接组合件的刀具。
3. 掌握对接组合件的检测方法。
4. 会分析对接组合件铣削的质量问题。

任务资讯

一、对接组合件的装夹

对接组合件的外部形状大多数仍为矩形，所以它们的装夹方法绝大部分仍选用机用虎钳装夹。当组合件的结构尺寸比较大时，常采用压板与螺栓直接压在工作台上装夹。

1. 机用虎钳装夹

用机用虎钳装夹工件时，固定钳口一般应与铣床主轴轴心线平行安装，如图 5-1-1 所示；若是毛坯件，应在钳口与工件毛坯间件垫放一块铜皮，以防损伤钳口。轻夹工件，用划针找正工件的上平面位置，符合要求后夹紧工件，如图 5-1-2 所示。

任务1　对接组合件的铣削

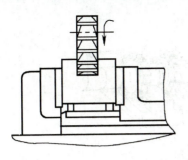

▲图 5-1-1　用机用虎钳装夹工件

▲图 5-1-2　钳口垫铜皮装夹校正毛坯件

2. 压板装夹

用压板装夹工件时，压板的夹紧点尽量靠近铣刀，工件侧面和端面可安装定位靠铁，用来定位和承受一定的切削力，防止铣削中工件位置移动而损坏刀具，如图 5-1-3 所示。

压板装夹步骤如下：

(1)装夹时先将工件底面与工作台面擦净，将工件轻放至台面上，并用压板固定约七分紧。

(2)将百分表固定在主轴上，测头接触工件上表面，沿前后、左右方向移动工作台或主轴，找正工件上下平面与工作台的平行度；若不平行，则可用垫片的办法进行纠正，然后再重新进行找正。用同样步骤找正工件侧面与轴进行方向的平行度。如果不平行，则可用铜棒轻轻敲击工件的方法纠正，并用指示表找正，然后再重新校正，如图 5-1-4 所示。

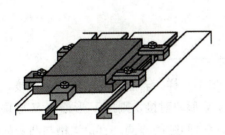

▲图 5-1-3　用压板装夹工件

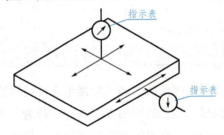

▲图 5-1-4　指示表移动示意图

二、铣削对接组合件的刀具

对接组合件可以是 V 形槽与 V 形块对接，也可以是直角沟槽与凸台对接，还可以是其他凹凸形状的对接。根据所加工的对接部位的形状，选用相应的刀具。

若直角沟槽与凸台对接，直角沟槽的加工可选用立铣刀或三面刃铣刀，如图 5-1-5 所示。

凸台的加工，通常采用三面刃铣刀或组合铣刀铣削，如图 5-1-6 所示。

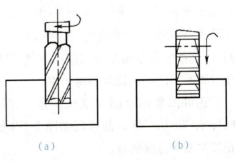

▲图 5-1-5　对接组合件中直角沟槽的铣削

(a)立铣刀铣直角沟槽；(b)三面刃铣刀铣直角沟槽

项目 五 组合件的铣削

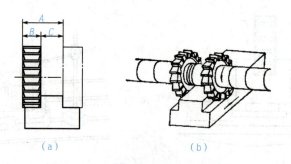

▲图 5-1-6 对接组合件中凸台的铣削

(a)用三面刃铣刀分两次铣双台阶；(b)组合铣刀铣双台阶

三、铣削方法

具体铣削方法因对接部位的不同而不同。若为 V 形槽配合，则主要的加工方法为 V 形槽与 V 形块的加工；若为直角沟槽配合，则主要的加工方法是直角沟槽与直角凸台的铣削。

铣削之前先认真分析图纸，有的加工内容是单件铣削完成的，有的是考虑单件加工后配作，例如，分别在两个零件上的两个孔有中心距要求时，需对接后配作。另外，对接组合件的铣削还要考虑对接后各平面间的位置，保证对接后的总体尺寸。

四、对接组合件的检测方法

因对接部位的不同，对接组合件的检测方法也不一样。若直角沟槽与凸台对接，则按直角沟槽与凸台的检测方法进行；若为 V 形槽与 V 形块对接，则按 V 形槽与 V 形块的检测方法进行。有时根据需要对接组合件还需进行组合间隙的检测。直角沟槽与凸台的检测参考本教材相应章节内容。

1. V 形槽的检测

检测 V 形槽角度通常采用顶角和 V 形槽角度相等的等腰三角形样块放入（图 5-1-7），通过光隙大小判断 V 形槽角度（需检测人员的经验判断）。这种检测方法方便快捷，但当工件的 V 形角度稍有不同，样块就不能通用。

还可以采用万能角度尺测量 V 形槽角度。60°、90°的 V 形槽，都可用如图 5-1-8 所示万能角度尺测量方法测量。

▲图 5-1-7 用三角形样板检测 V 形槽角度

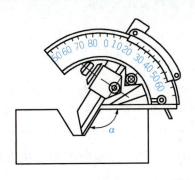

▲图 5-1-8 用万能角度尺检测 V 形槽角度

2. V 形块的检测

检测 V 形块的角度通常采用角度样板检测，或采用万能角度尺测量，如图 5-1-9 所示。

3. 组合间隙的检测

对接组合件两个结合面之间间隙大小的检测通常采用塞尺（又称厚薄规或间隙片），如图 5-1-10 所示。根据目测的间隙大小选择适当规格的塞尺逐个塞入。如用 0.03 mm 能塞入，而用 0.04 mm 不能塞入，这说明所测量的间隙值在 0.03～0.04 mm。

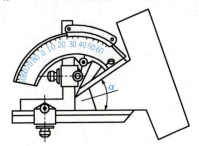

▲图 5-1-9 用万能角度尺检测 V 形块角度

▲图 5-1-10 塞尺

五、对接组合件的质量分析

对接组合件加工，除保证单个零件的加工质量，还需保证配合质量。对于配合过程中存在的质量问题，分析如下：

（1）两个对接件不能配合，原因主要是单件质量没有控制好。

（2）对接部位配合得不好，配合间隙一头大一头小，原因是槽或凸台的尺寸不符合要求。

（3）槽与凸台配合间隙过大或过小，原因是槽的深度、宽度不对或凸台高度、宽度不对。

（4）有中心距要求的两孔中心距不对，原因是没有配合后加工。

一、铣削实例

例 1 铣削如图 5-1-11~图 5-1-13 所示双向 V 形对接组合件,试分析零件的加工工艺过程。

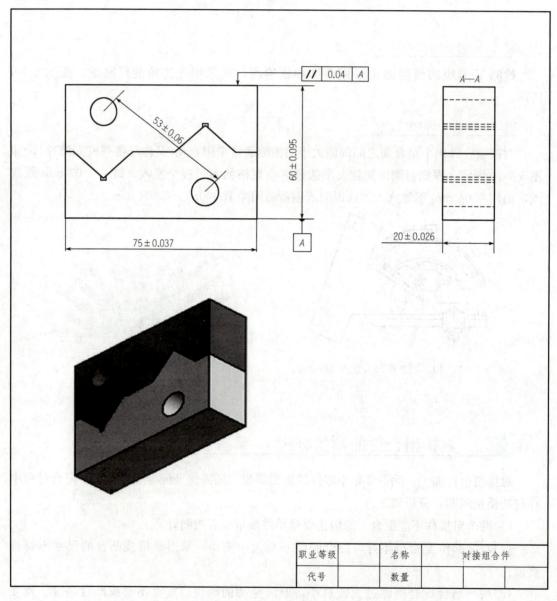

▲图 5-1-11 双向 V 形对接组合件

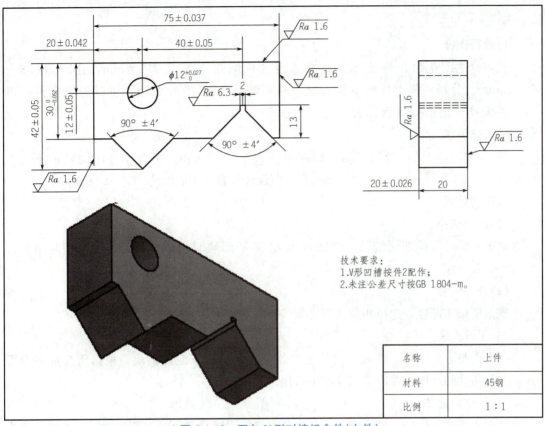

▲图 5-1-12 双向 V 形对接组合件(上件)

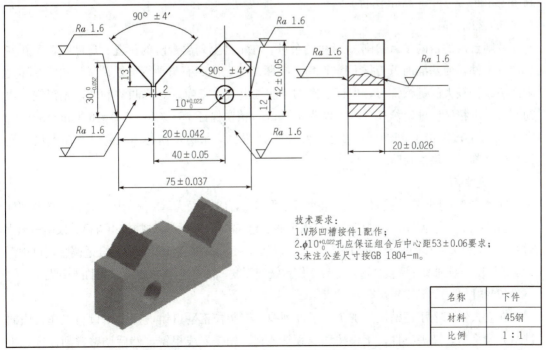

▲图 5-1-13 双向 V 形对接组合件(下件)

项 目 五　组合件的铣削

🎯 加工工艺过程

1) 分析图样

该零件为对接组合件的加工。要求组合后间隙不大于 0.10 mm，孔距为 (53 ± 0.06) mm。分析图样上件与下件完全一样，都是 V 形槽的配合，可以先铣上件，再铣下件配作。铣削完成组合后钻孔。

2) 工艺要求

件 1 与件 2 对接组合后，结合面间隙不大于 0.10 mm。组合体外侧面错位不大于 0.20 mm。$\phi 12_{\ 0}^{+0.027}$ mm、$\phi 10_{\ 0}^{+0.022}$ mm 孔后应保证组合后中心距为 (53 ± 0.06) mm。

3) 铣削过程

(1) 铣刀选择。

加工外形时选择端面铣刀，铣削 V 形槽与 V 形块时用键槽铣刀，铣窄槽时用锯片铣刀。

(2) 铣刀安装。

根据所加工部位，选择相应铣刀并安装在立式铣床的主轴上。

(3) 工件安装。

因工件是方形工件，装夹时选用平口钳装夹，工件下面加垫块，根据所要加工的平面，选择垫块的高度，并确定工件在平口钳中的位置。

(4) 铣削六面体。

铣削六面体，保证其尺寸公差、几何公差符合图样要求。对刀调整铣削，外形尺寸为 44 mm×20 mm×75 mm（两件）。

(5) 铣削台阶。

铣削台阶的目的是留铣削 V 形块的余量。在工件上划出台阶的位置、尺寸线，重新安装校正工件，使基准面 A 贴紧固定钳口，夹紧工件，使底面与平行垫铁贴紧。按照图样要求选择直径较大的键槽铣刀，保证一次加工能铣出台阶宽度。对刀调整铣削，先粗铣一边的台阶，半精铣保证定位尺寸和深度为 12 mm，精铣保证 75－(20－12)＝67(mm) 的台阶宽度，然后铣刀移动一个距离（刀宽＋台阶宽度）铣削，最后用游标卡尺保证台阶宽度。同样方法铣削另一块的台阶。

(6) 铣窄槽。

在卧式铣床上换锯片铣刀加工。装夹校正平口钳，以 A 面为基准贴紧固定钳口，按照图样要求选择铣刀宽度为 2 mm，铣刀直径在满足加工允许的条件下尽量选择较小直径。采用擦侧边对刀法，对好刀后移动 20＋40－1＝59 mm，铣削 3～5 mm 深后测量，如不合适调整，再铣深一定的深度，直到尺寸调整合适，上升工作台铣到深度，按上述方法加工另一件的窄槽。

(7) 铣削件 1。

在立式铣床上用键槽铣刀加工、工件划线。安装校正平口钳，固定钳口与工作台横向进给方向平行，装夹工件，工件按划线倾斜装夹。先按划线粗铣，然后调整铣削深度，半精铣 V 形槽一侧面，保证角度正确后铣至尺寸，铣削另一侧面，直至图样要求。立铣刀调整 45°，铣削 V 形块，先按划线粗铣，然后调整铣削深度，半精铣 V 形块一侧面，保证角度后铣至尺寸；工件旋转 180°重新装夹，按上述方法铣削另一侧面。

（8）铣削件 2。

在立式铣床上用键槽铣刀加工，立铣刀调整零线位置。装夹工件，工件按划线倾斜装夹，先按划线粗铣，然后调整切削层深度，半精铣 V 形槽一侧面，保证角度正确后铣至尺寸，铣削另一侧面，配作件 1，间隙合适为止。立铣头调整 45°铣削 V 形块，先按划线粗铣，然后调整铣削深度，半精铣 V 形块一侧面，保证角度后铣至尺寸；工件旋转 180°重新装夹，按上述方法铣削另一侧面，配作件 1，间隙合适后卸下工件。

（9）钻孔。

两件组合后装夹在平口钳上，分别换上 $\phi12$ mm 的钻头，按划线钻出第一个孔，用标准量棒夹在钻夹头中，使标准量棒外圆与工件以基准刚好靠到后，摇进距离 12 mm，再靠另一基准后摇过距离 15 mm，对好孔的中心位置。换上 $\phi10$ mm 的钻头，钻出第二个孔即可。

注意事项

（1）铣削时注意基准统一原则。

（2）件 1 按照图样标注公差铣削，件 2 在加工时按件 1 配作铣削钻孔时注意中心距的控制，钻头注意冷却。

例 2 铣削如图 5-1-14 所示凹凸 V 形对接组合件，试分析零件的加工工艺过程。

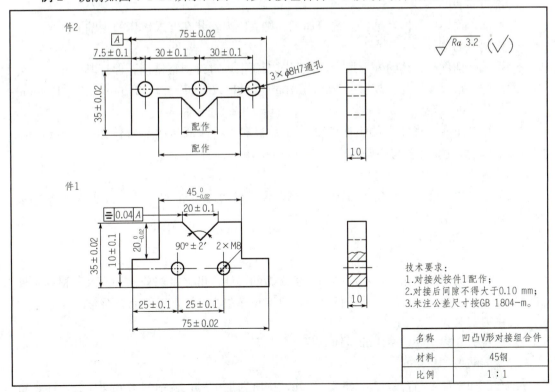

▲图 5-1-14　凹凸 V 形对接组合件

项目 五　组合件的铣削

加工工艺过程

1) 分析图样

该零件为对接组合件的加工。要求对接后间隙不大于 0.10 mm，上下件分别有 $\phi 8$ mm 与 M8 的螺纹孔，加工时注意保证孔中心距。件 2 按件 1 配作，所以加工时先铣件 1，再铣件 2。铣削件 2 时注意对接处的加工。

2) 工艺要求

件 2 按图样要求，保证高度尺寸(35 ± 0.02)mm 及长度尺寸(75 ± 0.02)mm，三个 $\phi 8$ 孔的中心距；件 1 按图样要求，保证高度尺寸(35 ± 0.02)mm 及长度尺寸(75 ± 0.02)mm，两个 M8 孔的中心距，凸台宽度 $45_{-0.02}^{0}$，V 形槽宽度(20 ± 0.1)mm，V 形角度 $90°\pm2'$。

3) 铣削过程

(1) 划线：

按图样要求划出件 1、件 2 的加工线，钻 $2\times$M8 的工艺孔并攻螺纹。钻 $3\times\phi 8$H7 通孔的底孔，铰孔至 H7 精度。

(2) 加工凸形(件 1)：

① 工件装夹。

该工件为长方体，选用平口钳装夹。装夹高度 10 mm(件 1 下面台阶 15 mm)，工件下面加垫块，根据所要加工的平面，选择垫块的高度，确定工件在平口钳中的位置。找正工件上表面与钳口平行。

② 铣刀安装。

先铣削六面体(两件)，选择立铣刀加工。将立铣刀安装在立式铣床的主轴上。

③ 铣削六面体。

分别铣削两件长方体的外形尺寸，按照图纸要求，对刀调整铣削，保证其外形尺寸公差。两件的外形尺寸均为：高度(35 ± 0.02)mm 及长度尺寸(75 ± 0.02)mm，厚度 10 mm。

④ 铣件 1 左右台阶。

按所划加工线，将件 1 两边按图纸尺寸要求加工，保证凸起部分长 $45_{-0.02}^{0}$ mm，高 $20_{-0.02}^{0}$ mm，并注意凸台与两肩垂直，凸台居中，两肩对称。

⑤ 铣 V 形槽。

换下立铣刀，装上双角铣刀铣削 V 形槽，保证槽两边夹角 $90°\pm2'$。要求 V 形槽两边对称，槽口宽(20 ± 0.1)mm。

(3) 加工凹形(件 2)：

① 工件装夹。

件 2 的装夹与件 1 相同，不同的是该工件为凹形件，可夹持部分比件 1 大。根据工件高度尺寸，选择合适的垫块，使工件高出钳口 5 mm 左右，找正工件上表面与钳口平行。

② 铣刀安装。

将立铣刀安装在立式铣床的主轴上。

③ 铣削凹形件配作处。

结合已加工件 1 凸台的尺寸 $45_{-0.02}^{0}$ mm，按所划加工线，铣削凹形件配作处，注意留出中间凸出的 V 形块尺寸。加工过程中，注意与件 1 配作。

④铣 V 形块。

换下立铣刀，装上单角铣刀铣削 V 形块，注意与件 1 已加工好的夹角为 90°±2′ 的 V 形槽配作。

⑤检测完成后取下工件。

⑥将件 1 和件 2 的凹凸 V 形配合一起。去除加工毛刺，清除铁屑。

任务评价

任务实施后，完成表 5-1-1。

▼表 5-1-1　任务评价表

组别				小组负责人		
成员姓名				班级		
课题名称				实训时间		
评价类别	评价内容	评价标准	配分	个人自评	小组评价	教师评价
学习过程	图形识读	认真聆听老师讲解	5			
		正确识读零件图，明确目标任务	10			
	问题探究	能在图形识读过程中发现问题，并能积极提出和分析问题	10			
学习拓展	知识迁移	能实现前后知识的迁移	10			
	应变能力	能举一反三，提出改进建议或方案	5			
	创新程度	有创新建议提出	5			
学习态度	主动程度	主动性强	5			
	合作意识	能与同伴团结协作	5			
	严谨细致	认真仔细，不出差错	5			
完成情况	尺寸要求	加工尺寸符合图纸标注要求	20			
	表面质量	表面质量符合要求	20			
总　　计			100			
教师总评						
综合评定等级（个人 30%，小组 30%，教师 40%）						

练习与提高

一、判断题

1. 对接组合件的加工通常要考虑配合间隙及中心距等，不仅限于零件本身的尺寸。
（　　）

2. V 形槽和 V 形块的配合加工，通常采用立铣刀来完成 V 形槽或 V 形块部分。
（ ）

3. 对于要求配作的零件，应先把作为基准的零件加工完成，再加工与其配作的另一件。
（ ）

二、选择题

1. 铣削 V 形对接件时，对于 V 形槽中的小窄槽的加工，常采用的刀具是（ ）。
　A. 立铣刀　　　　　　　　　B. 锯片铣刀
　C. 对称双角铣刀　　　　　　D. 单角铣刀

2. 为了检测加工出的 V 形块的角度，常采用的量具是（ ）。
　A. 万能角度尺　B. 游标卡尺　C. 高度尺　　D. 钢直尺

3. 关于对接组合件的加工，下列哪一句是不正确的？（ ）
　A. 组合件的加工与单件加工的区别是，单件加工只保证各个零件自身的尺寸要求就可以了，而组合件的加工需注意配合件的尺寸
　B. 组合件的加工与单件加工是一样的，保证各个零件自身的尺寸要求就可以了
　C. 对于需要配作的孔，通常是两个零件配合到一起完成切削
　D. 组合件加工完成检测时，除了配合间隙需认真检测外，单个零件的自身尺寸仍需做认真检测

三、操作实训题

1. 铣削如图 5-1-15、图 5-1-16、图 5-1-17 所示同向 V 形对接组合件，试分析零件的加工工艺过程。

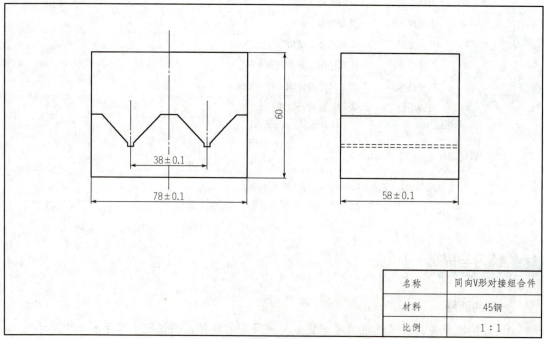

▲图 5-1-15　同向 V 形对接组合件

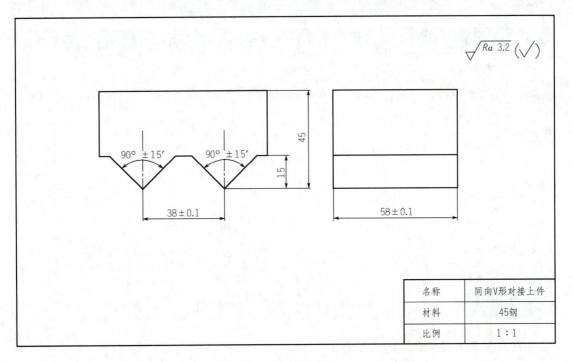

▲图 5-1-16　同向 V 形对接组合件（上件）

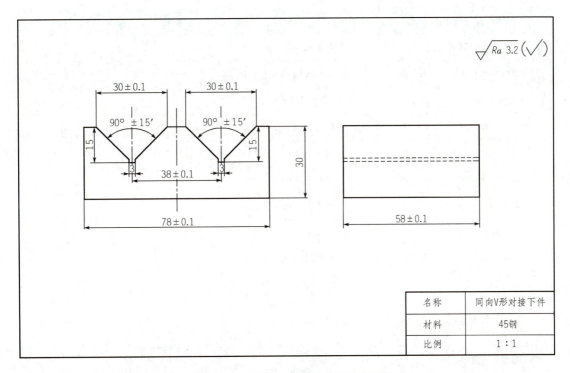

▲图 5-1-17　同向 V 形对接组合件（下件）

工、量、刀具及毛坯准备清单见表 5-1-2。

项目五　组合件的铣削

▼表 5-1-2　工、量、刀具及毛坯准备清单

序号	名称	规格	精度	数量	序号	名称	规格	精度	数量
1	游标卡尺	0～150 mm	0.02 mm	1	10	铣夹头			1套
2	高度游标尺	0～300 mm	0.02 mm	1	11	钢直尺	150 mm		1把
3	百分表及磁性表座	0～10 mm	0.01 mm	各1	12	划针、划线规			各1
4	立铣刀及拉杆	ϕ14 mm、ϕ12 mm		各1	13	样冲、榔头			各1
5	角度铣刀	单角		1	14	木榔头、活扳手			各1
6	万能角度尺	0°～360°		1	15	锉刀			1把
7	矩形角尺	100 mm × 63 mm		1	16	垫铁			若干
8	铜棒			1	17	扳手			1套
9	毛刷			1	18				
毛坯尺寸		ϕ34 mm×80 mm			材料		45 钢		

同向 V 形对接组合件评分表见表 5-1-3。

▼表 5-1-3　同向 V 形对接组合件评分表

项目	配分	评分标准	检测结果	得分	备注
(78±0.1)mm(两处)	6	超差 0.01mm 扣 1 分			
(58±0.1)mm(两处)	6	超差 0.01 mm 扣 1 分			
60 mm(配合尺寸)	10	超差 0.1 mm 不得分			
(30±0.1)mm(两处)	10	超差 0.05 mm 扣 2 分			
15 mm(4 处)	8	超差 0.3 mm 不得分			
3 mm(两处)	6	超差 0.3 mm 不得分			
30 mm(两处)	6	超差 0.3 mm 不得分			
45 mm(两处)	6	超差 0.3 mm 不得分			
(38±0.1)mm(两处)	16	超差 0.05 mm 扣 2 分			
90°±15′(两处)	16	超差 0.05 mm 扣 2 分			
$\sqrt{Ra\ 3.2}$(全部)	5	降一级扣 5 分			
机床保养、工量具合理使用与保养	5	酌情扣分			

任务 2　燕尾组件的铣削

燕尾组件由配合使用的燕尾槽和燕尾块组成，燕尾槽是一种机械结构，它通常是做机械相对运动，运动精度高、稳定。燕尾槽常和梯形导轨配合使用（图 5-2-1），起导向和支撑作用，在机床的拖板上经常使用。

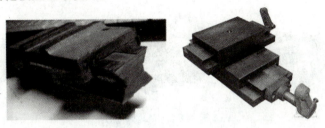

▲图 5-2-1　燕尾槽与梯形导轨配合使用图

任务目标

1. 掌握燕尾零件的装夹方法。
2. 会选用铣削燕尾组件的刀具。
3. 燕尾组件的铣削与测量方法。
4. 掌握燕尾组件的检测方法。
5. 会分析燕尾组件铣削的质量问题。

任务资讯

燕尾组件铣削的相关知识

1. 燕尾零件的装夹

根据工件形状和尺寸的不同，采取的方法不同，工件较小时，可采用平口钳装夹工件；工件较大时，可将工件直接压在铣床工作台面上。

2. 加工燕尾槽用的刀具

由于燕尾槽和燕尾块之间有相对的直线运动，因此对燕尾结构的角度、宽度、深度具有较高的精度要求。尤其对其斜面的制造精度要求更高，且表面粗糙度 Ra 值要小。燕尾槽的角度有 45°、50°、55°、60°等多种，所以，在加工燕尾槽时用的刀具角度也有多种，其形状如图 5-2-2 所示。

▲图 5-2-2　燕尾槽铣刀

燕尾槽刀的角度是指夹角，即燕尾槽平导轨与倾斜燕尾导轨的夹角，如图 5-2-3 所示。

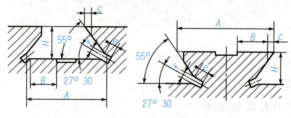

▲图 5-2-3　燕尾槽刀的角度

3. 燕尾槽、燕尾块的铣削方法

铣削燕尾组件时，选用的刀具为角度与燕尾槽角度相对应的燕尾槽铣刀，且铣刀锥面刀齿宽度应大于工件燕尾槽斜面的宽度。

燕尾槽和燕尾块的铣削都分两个步骤，先铣出直角沟槽或台阶，再按要求铣出燕尾槽或燕尾块。

铣直角沟槽时，槽深预留余量 0.5 mm。铣燕尾槽和铣燕尾块的切削条件与铣 T 形槽时大致相同，但铣刀刀尖处的强度较差。为减小切削力，应采用较低的切削速度和进给速度，并及时退刀排屑。若是铣削钢件还应充分浇注切削液。

燕尾槽、燕尾块的铣削方法详见项目四。

4. 燕尾槽、燕尾块加工时切削用量的合理选用

粗加工时，一般以提高生产率为主，但也应考虑经济性和成本，半精加工和精加工时，应在保证加工质量的前提下，兼顾切削效率、经济性和加工成本。具体数值应根据机床说明书、切削用量手册，并结合经验而定。切削速度的选择主要取决于被加工工件的材

质；进给速度的选择主要取决于被加工工件的材质及刀具的直径。刀具生产厂家的刀具样本附有刀具切削参数选用表，可供参考。但切削参数的选用同时又受机床、刀具系统、被加工工件形状以及装夹方式等多方面因素的影响，应根据实际情况适当调整切削速度和进给速度。当以刀具寿命为优先考虑因素时，可适当降低切削速度和进给速度；当切屑的离刃状况不好时，则可适当增大切削速度。

5. 燕尾组件的测量和检验

燕尾结构的角度、宽度、深度具有较高的精度要求，尤其对其斜面的制造精度要求更高，且表面粗糙度 Ra 值要小。同时，由于燕尾块的形状比较特殊，在生产加工过程中采取常规检测手段往往难以到得令人满意的效果，检测结果不准确，误差较大。

燕尾槽和燕尾块在配合时，有的中间还有一块塞铁，内燕尾槽和外燕尾块的测量，槽深和燕尾高度可运用深度游标卡尺、高度游标卡尺或深度千分尺进行测量，在测量燕尾块时需要用量棒测量其尺寸，通过万能角度尺来测量角度。

燕尾槽检测 ➡
(1) 利用万能角度尺检测 60°燕尾槽角，如图 5-2-4 所示。
(2) 用游标卡尺测量燕尾槽的最小宽度。
(3) 用深度千分尺检测燕尾槽深度，如图 5-2-5 所示。
(4) 利用游标卡尺配合标准量棒间接测量燕尾槽的最大宽度，如图 5-2-6 所示。

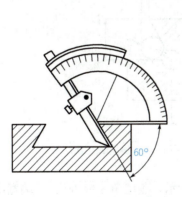

▲图 5-2-4　燕尾槽槽角的检测

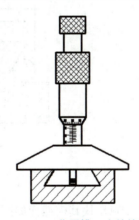

▲图 5-2-5　燕尾槽深度的检测

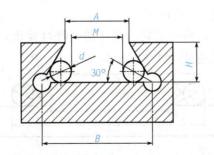

▲图 5-2-6　采用标准量棒间接检测燕尾槽宽度

| 燕尾块检测 | (1) 利用万能角度尺检测 60°燕尾块角度，如图 5-2-7 所示。
(2) 用游标卡尺测量燕尾块的最大宽度 50.73 mm。
(3) 用深度游标卡尺或千分尺检测燕尾块高度 18 mm，如图 5-2-8 所示。
(4) 利用游标卡尺配合标准量棒间接测量燕尾块的最小宽度 30 mm，如图 5-2-9 所示。 |

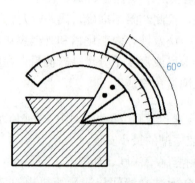
▲图 5-2-7 燕尾块角度的检测

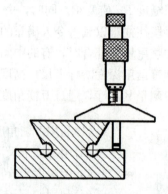
▲图 5-2-8 燕尾块高度的检测

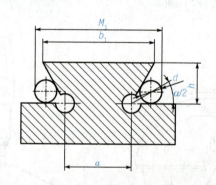
▲图 5-2-9 采用标准量棒间接检测燕尾块宽度

例 1 有一个燕尾块其横截面如图 5-2-10 所示，燕尾角 $\alpha = 60°$，下端宽度 $b=60$ mm，用卡尺测量两标准量棒的外围尺寸 M，如果标准量棒直径 $D=10$ mm，M 等于多少时，才能使 b 的尺寸符合要求（精确到 0.001 mm）。

分析： 燕尾块在加工后，要知道它的尺寸是否符合要求，可用两根标准量棒放在两侧，用卡尺测量尺寸 M，试通过计算求尺寸 b。

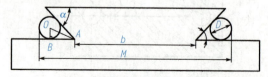
▲图 5-2-10 采用标准量棒间接检测燕尾块宽度

解 如图 5-2-11 所示，令标准量棒直径为 D，则尺寸

$$b = M - D - 2x = M - D - 2\left(\frac{D}{2} \times \cot\frac{\alpha}{2}\right)$$
$$= M - D\left(1 + \cot\frac{\alpha}{2}\right)$$

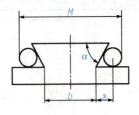

▲图 5-2-11　检测燕尾块宽度

6. 燕尾组件的误差分析

（1）加工过程中，需要在机床上进行测量，槽形角可用样板或游标万能角度尺进行测量，而测量槽宽用两根 10 mm 标准量棒放入槽中，用游标卡尺或千分尺测量。要注意保证测量的准确性及正确地进行读数，同时，确保燕尾槽的 M 值达到规定值。

（2）质量分析：

①机床槽宽两端尺寸不一致的原因是工件上平面为找正、用换面法铣削时，工件两侧面平行度较差。

②机床宽度超差的原因是测量差错，移动横向工作台时，摇错刻度盘及未消除传动间隙。

③机床槽形角超差的原因是刀具角度选错或铣刀角度误差较大。

机床燕尾块的铣削加工与燕尾槽大体相同。

7. 铣燕尾槽和燕尾块时注意事项

（1）铣燕尾槽和燕尾块时的铣削条件与铣 T 形槽时大致相同，但燕尾槽铣刀刀尖部位的强度和切削性能都很差，因此，铣削中主轴转速不宜过高，进给量、切削层深度不可过大，以减小铣削抗力，还应及时排屑和充分浇注切削液。

（2）铣直角沟槽时槽深可留 0.5～1.0 mm 的余量，铣燕尾槽时同时铣至槽深，以使燕尾槽铣刀铣削时平稳。

（3）燕尾槽的铣削应分粗铣和精铣两步进行，以提高燕尾槽斜面的质量。

任务实施

铣削实例

图 5-2-12 所示为燕尾组合，上件 1（图 5-2-14）为燕尾块，下件 2（图 5-2-13）为燕尾槽。件 1 前后方向是一 V 形块，燕尾中间左右方向开一直角沟槽，将燕尾块分成前后两块。件 2 的前后方向为燕尾槽，中间部位从左至右开一直角沟槽。要求件 1 与件 2 前后、左右移动自如。

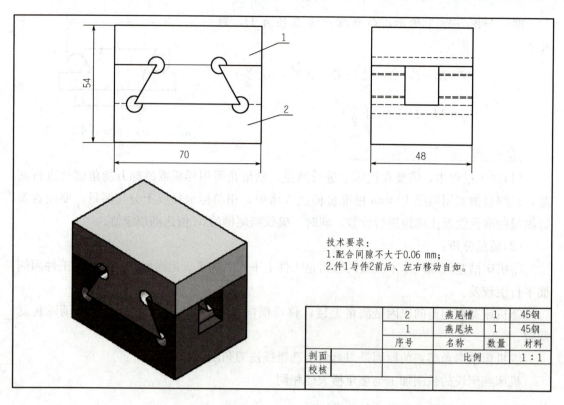

▲图 5-2-12 燕尾组合件

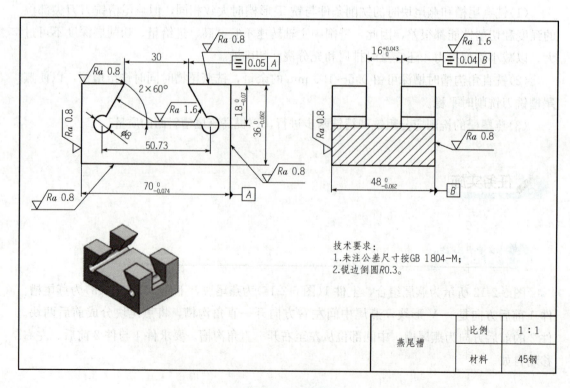

▲图 5-2-13 燕尾槽

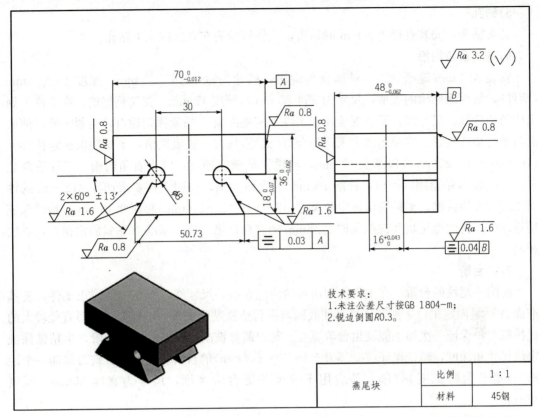

▲图 5-2-14 燕尾块

加工工艺过程如下。

1. 分析图样

本任务是配合件的练习,钻孔的目的是清角,燕尾块与燕尾槽先铣削直角沟槽和台阶,然后再分粗、精铣加工。

2. 工艺要求

配合间隙不大于 0.06 mm,件 1 与件 2 前后、左右移动自如。

3. 铣削步骤

1)选择铣刀

加工外形时选择端铣刀,钻孔时选择 $\phi 8$ mm 的钻头,直角沟槽选择 $\phi 12$ mm 键槽铣刀,铣燕尾时选择燕尾槽铣刀。

2)安装铣刀

把铣刀安装到主轴上。

3)安装工件

把工件安装在平口钳上。

4)铣削六面体

铣削六面体,保证其尺寸公差,几何公差符合图样要求。

5)钻孔

装夹钻头,安装直径为 8 mm 的钻头,工件划线后在立式铣床上钻孔。

6)铣削直角沟槽

安装 $\phi 12$ mm 键槽铣刀,铣削直角沟槽,尺寸为宽度 $16^{+0.043}_{0}$ mm,深度 $18^{0}_{-0.07}$ mm(两件),铣削燕尾槽的底槽,尺寸为宽度 30 mm,深度 17 mm。先铣燕尾槽,在工件上划出槽的位置线、尺寸线,重新安装校正工件,使基准面 A 贴紧固定钳口,夹紧工件,使底面与平行垫铁贴紧。按照图样要求选择合适的键槽铣刀,铣粗铣槽,半精铣保证定位尺寸 $(70-30) \div 2 = 20(mm)$ 和深度 17 mm,精铣保证槽宽即可,铣出直角沟槽。工件重新装夹,基准面 B 贴紧固定钳口,铣削 16 mm 的直角沟槽,按照图样要求选择 $\phi 12$ mm 的键槽铣刀,先粗铣槽,半精铣保证定位尺寸 $(48-16) \div 2 = 16(mm)$ 和深度 18 mm,精铣保证槽宽即可。铣削燕尾块和铣燕尾槽上 16mm 的直角沟槽一样,基准 B 贴紧固定钳口,方法相同。

7)铣台阶

铣削燕尾块的台阶,在工件上划出台阶的位置线、尺寸线,重新安装校正工件,使基准面 A 贴紧固定钳口,夹紧工件,使底面与平行垫铁贴紧。按照图样要求选择直径较大的键槽铣刀,保证一次加工能铣出台阶宽度。对刀调整铣削,粗铣一边的台阶,半精铣保证定位尺寸和深度,精铣保证 $(70-50) \div 2 + 50 = 60(mm)$ 的台阶宽度,然后铣刀移动一个距离(刀宽+台阶宽度)铣削,最后用千分尺保证台阶宽度,尺寸为宽度 30mm,深度 17 mm。

8)铣燕尾槽

选择直径为 32 mm、角度为 60°的燕尾槽铣刀,对刀调整铣削,分粗铣与精铣,逐渐铣至尺寸 30 mm,深 $18^{0}_{-0.07}$ mm。单件生产时,若没有合适的燕尾槽铣刀,可用单角铣刀代替燕尾槽铣刀进行加工。

按燕尾槽检测的方法对加工好的燕尾槽进行检测。

9)铣燕尾块

选择直径为 32 mm、角度为 60°的燕尾槽铣刀,对刀调整铣削,分粗铣与精铣,逐渐铣至尺寸 30 mm,深 $18^{0}_{-0.07}$ mm。

用适当的量具及恰当的方法检测燕尾块。

10)燕尾槽宽度超差原因及解决措施

(1)产生原因:

①测量时产生误差或出错。

②移动横向工作台时摇错刻度盘及未消除丝杠传动间隙。

③铣刀角度不符合图样要求。

(2)解决措施:

①注意测量方法,认真测量。

②在刻度盘上做记号,摇过刻度后不能直接退回到所需的刻度处,应将手柄退回一转后再重新摇至所需数值。

③根据图样要求选用合适的铣刀,安装后检查铣刀圆跳动误差。

11）注意事项

（1）铣削时注意基准统一原则。

（2）用燕尾槽铣刀铣削燕尾槽和燕尾块时，刀尖部位的强度和切削性能较差，铣削中主轴转速不宜过高，进给量、切削层深度不可过大，以减小铣削抗力。

（3）铣直槽时槽深可留 0.5～1.0 mm 的余量，留待铣燕尾时同时铣至槽深，以使燕尾槽铣刀工削力平稳。

（4）燕尾槽的铣削应分粗精两步进行，以提高燕尾槽斜面的质量。

（5）钻孔时钻头注意冷却。

（6）铣燕尾时及时排屑，充分浇注切削液。

任务评价

任务实施后，完成表 5-2-1。

▼表 5-2-1　任务评价表

组别				小组负责人			
成员姓名				班级			
课题名称				实训时间			
评价类别	评价内容	评价标准		配分	个人自评	小组评价	教师评价
学习过程	图形识读	认真聆听老师讲解		5			
		正确识读零件图，明确目标任务		10			
	问题探究	能在图形识读过程中发现问题，并能积极提出和分析问题		10			
学习拓展	知识迁移	能实现前后知识的迁移		10			
	应变能力	能举一反三，提出改进建议或方案		5			
	创新程度	有创新建议提出		5			
学习态度	主动程度	主动性强		5			
	合作意识	能与同伴团结协作		5			
	严谨细致	认真仔细，不出差错		5			
完成情况	尺寸要求	加工尺寸符合图纸标注要求		20			
	表面质量	表面质量符合要求		20			
总　　计				100			
教师总评							
综合评定等级（个人 30%，小组 30%，教师 40%）							

练习与提高

一、判断题

1. 燕尾槽铣刀铣削燕尾槽和燕尾块时，为减小铣削阻力，可以使主轴转速高些。（　　）
2. 为提高燕尾槽的加工质量，铣削时可采用粗精铣分开进行。（　　）
3. 燕尾槽深度通常通过直角尺或游标卡尺检测。（　　）
4. 铣削燕尾槽与燕尾块时，若没有合适的燕尾槽铣刀，可用廓形角与燕尾槽槽角相等的单角铣刀取代。（　　）

二、选择题

1. 燕尾槽与燕尾块的宽度通常用（　　）测量。
   A. 内径千分尺直接　　　　　　B. 样板比较
   C. 标准量棒与量具配合　　　　D. 万能角度尺
2. 铣削燕尾槽时，首先应加工（　　）。
   A. 直角沟槽　　B. 燕尾　　C. 倒角　　D. T 形槽
3. 燕尾槽与燕尾块的深度常用（　　）测量。
   A. 外径千分尺　　　　　　　　B. 游标深度尺
   C. 游标卡尺　　　　　　　　　D. 直角尺
4. 下列哪项不是燕尾槽或燕尾块宽度超差的原因？（　　）
   A. 测量误差　　　　　　　　　B. 铣刀角度不符合要求
   C. 移动横向工作台时摇错刻度盘　D. 选小一点的进给量

三、简答与计算题

1. 简述在实际工作中，应如何检测燕尾槽与燕尾块？
2. 已知如图 5-2-15 所示燕尾块中，用卡尺测量得 $M=80$ mm，量棒直径 $D=10$ mm，燕尾角 $\alpha=60°$，试通过计算求底端距离 b。
3. 有一个燕尾槽其横截面如图 5-2-16 所示，燕尾角 $\alpha=60°$，如果量棒直径 $D=10$ mm，$M=30$ mm，求下端宽度 L（精确到 0.001 mm）。

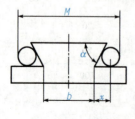

▲图 5-2-15　燕尾块

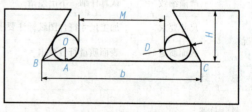

▲图 5-2-16　燕尾槽

4. 有一个燕尾槽其横截面如图 5-2-16 所示，燕尾角 $\alpha=60°$，下端宽度 $b=60$ mm，如

果量棒直径 $D=10$ mm，M 等于多少时，才能使 b 的尺寸符合要求(精确到 0.001 mm)。

四、操作实训题

1. 加工如图 5-2-17 所示的燕尾组合件，试写出加工工艺步骤。

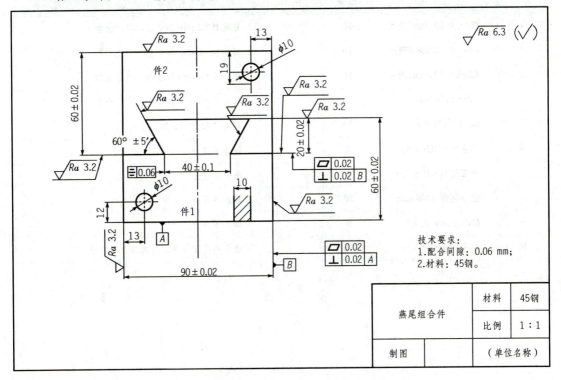

▲图 5-2-17　燕尾组合件

工、量、刀具及毛坯准备清单见表 5-2-2。

▼表 5-2-2　工、量、刀具及毛坯准备清单

序号	名称	规格	精度	数量	序号	名称	规格	精度	数量
1	游标卡尺	0～150 mm	0.02 mm	1	10	毛刷			1
2	高度游标尺	0～300 mm	0.02 mm	1	11	铣夹头			1套
3	百分表及磁性表座	0～10 mm	0.01 mm	各1	12	钢直尺	150 mm		1把
4	立铣刀及拉杆	φ14 mm、φ12 mm		各1	13	划针、划线规			各1
5	角度铣刀	单角		1	14	样冲、榔头			各1
6	钻头	φ10 mm		1	15	木榔头、活扳手			各1
7	万能角度尺	0°～360°		1	16	锉刀			1把
8	矩形角尺	100 mm×63 mm		1	17	垫铁			若干
9	铜棒			1	18	扳手			1套
毛坯尺寸		φ34 mm×80 mm			材料		45钢		

205

评分表见表 5-2-3。

▼表 5-2-3 评分表

序号	项目	配分	实测	标准要求	得分
1	(90±0.02)mm(两处)	10		超差 0.02 mm 扣 2 分，以上全扣	
2	(60±0.02)mm(两处)	10		超差 0.02 mm 扣 2 分，以上全扣	
3	(20±0.02)mm(两处)	10		超差 0.02 mm 扣 2 分，以上全扣	
4	(40±0.10)mm	10		超差 0.05 mm 扣 4 分，以上全扣	
5	60°±5′(两处)	10		超差 2′扣 2 分，以上全扣	
6	垂直度 0.02(三处)	3		超差不得分	
7	平面度 0.02(三处)	3		超差不得分	
8	配合间隙 0.06 mm	20		超差不得分	
9	$Ra3.2\ \mu m$(九处)	9		降级不得分	
10	安全文明生产	15		违章一次扣 4 分，两次以上不得分	

参 考 文 献

［1］皮特·霍夫曼（Peter Hoffman）．［美］埃里克·霍普韦尔（Eric Hopewell）等．图解铣工/数控铣工快速入门［M］．北京：机械工业出版社，2019．

［2］张富建．普通铣工理论与实操［M］．北京：清华大学出版社，2018．

［3］陆剑中，孙家宁．金属切削原理与刀具 第五版［M］．北京：机械工业出版社，2017．

［4］郝康平，赵东明．普通铣削技术训练［M］．北京：高等教育出版社，2016．

［5］侯雪滨，曹淑清，王花玲．零件普铣加工一体化工作页［M］．长春：东北师范大学出版社，2016．

［6］陈宇，郎敬喜．普通铣床操作与加工实训（第2版）［M］．北京：电子工业出版社，2015．

［7］赵明久．普通铣床操作与加工实训［M］．北京：电子工业出版社，2011．

［8］胡家富．铣工鉴定培训教材（中级）［M］．北京：机械工业出版社，2011．